U0382173

国家社会科学基金一般项目"英国煤炭污染治理史研究"（项目编号：14BSS026）结项成果

英国煤烟污染
治理史研究

高麦爱　著

1600——1900

A Research on the History

of the Controlling Soot Pollution in Britain　1600—1900

中国社会科学出版社

图书在版编目（CIP）数据

英国煤烟污染治理史研究：1600－1900 ／高麦爱著．
—北京：中国社会科学出版社，2023.3
ISBN 978－7－5227－1661－9

Ⅰ.①英… Ⅱ.①高… Ⅲ.①煤烟污染—污染防治—
历史—研究—英国—1600－1900 Ⅳ.①X511－095.61

中国国家版本馆 CIP 数据核字（2023）第 048644 号

出 版 人	赵剑英	
责任编辑	宋燕鹏	史丽清
责任校对	李 硕	
责任印制	李寡寡	

出　　版	中国社会科学出版社	
社　　址	北京鼓楼西大街甲 158 号	
邮　　编	100720	
网　　址	http://www.csspw.cn	
发 行 部	010－84083685	
门 市 部	010－84029450	
经　　销	新华书店及其他书店	

印　　刷	北京明恒达印务有限公司	
装　　订	廊坊市广阳区广增装订厂	
版　　次	2023 年 3 月第 1 版	
印　　次	2023 年 3 月第 1 次印刷	

开　　本	710×1000	1/16
印　　张	13.25	
插　　页	2	
字　　数	201 千字	
定　　价	76.00 元	

序

陈晓律

　　环境污染的治理是一个全球性问题，也是工业化进程中一个必须解决的问题。其中，燃煤引起的污染一度是全球头痛的问题之一。英国作为最早使用燃煤的国家之一，燃煤引起的污染也应该是最早的。尤其是燃煤引起的煤烟污染，危害极大。但应该如何治理，却始终是一个令人头疼的问题。

　　高麦爱同志的专著《英国煤烟污染治理史研究：1600—1900》，详细梳理了英国燃煤产生的煤烟治理问题。或许出人意外的是，英国燃煤引起的煤烟问题出现的时间竟然如此之早，远在工业革命之前就产生了。一般的认知，还是认为煤烟污染应该是与工业革命同步的，因为英国的工业革命就是从蒸汽机烧煤作为标志的，但此书刷新了我们的认识。作者通过对英国长达几百年的煤烟污染治理历程的考察，展开了一幅历史的画卷，深入探究了英国煤烟污染治理成败的原因，试图为正在工业化建设的国家提供一种治理煤烟的范式，这样的尝试是值得肯定的。

　　从书中的描述我们不难看出，煤烟污染引起的麻烦，远超人们的想象，不过令人震惊的是，英国权贵们解决问题的方式，却是让儿童们去清扫烟道，使儿童承担了煤烟污染的可怕后果。这样的事情，即便在今天，也是很难想象的，但在英国竟然持续了将近一个世纪！英国达官贵人的冷酷，令人发指。高麦爱通过考察后发现，英国也不是没有想办法治理煤烟，但长达几百年的煤烟污染治理，大多是失败的。失败的原因有多种，而根本原因却是自由竞争体系下资本运营中追逐利润的根本目标导致的，毕竟，逐利是资本的本能，不赚钱的事情，资本是不会有兴趣的。

在20世纪后期，英国煤烟污染治理终于获得了成功。成功的原因与英国民众力量的推动有关，看来，没有社会的压力，治理煤烟污染的事情不会有一个好的结果。任何时候，民众的监督对于推动社会的进步都是一个不可缺少的因素。

由此，不难看出如下问题：

第一，化石燃料引发的污染，几乎是不可避免的。

第二，承担污染后果的，主要是普通民众。

第三，防治污染是有办法的，但不能指望资本的力量去自动解决。

第四，科学的治理方式和民众产生的社会压力，是解决污染问题的关键因素。

第五，大气污染已经全球化了，目前解决污染问题已经超出了民族国家的范畴。

在当今世界，绿色发展的理念已经开始逐步为各国政府所接受。实际上，21世纪以来，从萨斯开始，很多大范围的传染病都与呼吸道有关。可见，治理煤烟一类的大气污染，已经成为了当前人们必须解决的问题之一。因此，高麦爱的这本书，对于试图进一步了解这一问题，关注这一问题解决方案的读者，是一本不可多得的好书。

在资料的收集上，作者大量收集了英国的一手资料，包括各种官方资料，还充分地利用了网络资源，对相关的外文专著和各类论文也进行了仔细的研读。所以，本书的另一个特点是，读者可以将此书作为一种资料型的专著存览。

此书即将出版，我十分期待它能尽快送到读者手中。

是为序！

2023年3月6日星期四于南京龙江小区阳光广场1号

前　　言

　　近代英国卷入远洋航海争夺战时，便通过大力发展国内的毛纺织业来扩大海外市场。于是农业、林业用地均让位于牧场。造成大量农业人口涌入城镇，也造成林地急剧减少，进而导致木材燃料根本无法满足急剧扩大的需求市场。幸运的是，英国境内储藏着大量浅表煤矿使她摆脱了这种困境，甚至正是这种曾被英国人嫌弃的煤炭将她托上了世界之巅。然而，燃煤一方面带给英国无限的辉煌，另一方面也给她带来了持续几个世纪之久的煤烟污染。这对英国的环境和居民身体健康造成了极大的危害。本项目通过对英国长达几百年的煤烟污染治理历程的考察，旨在探究英国煤烟污染治理成败的根本原因，并为正在工业化建设的国家提供一种治理煤烟的范式或为他们的治烟提供镜鉴与警示。本项目成果通过考察后发现英国长达几百年的煤烟污染治理失败的原因有多种，而根本原因却是自由竞争体系下资本运营中追逐利润的根本目标导致的，在20世纪后期英国煤烟污染治理成功的原因与英国民众力量的推动有关，英国治理煤烟污染失败的根源并不是历史发展的必然，而是可以避免的，从而为发展中国家的煤烟污染治理提供一种镜鉴和警示作用。

　　中世纪时期的英国，由于其地理位置距离地中海商业圈较偏远，因此，她只能充当地中海商业帝国的原料供应地。然而，当地中海商道受到阻塞后，曾经在地中海商贸中获得好处的地中海东端国家便想方设法开辟一条通往东方的新航道。他们不仅找到了通往东方的新商道，也发现了一条通往西方的新商道。这两条商道的起点就在英国的家门口。这一次，英国无论如何都不会错过这千载难逢的机会。因此，当历史进入十七世纪时，英国已成功挤上这趟通往世界的航船。然而这个地处西北欧的岛国并没有丰足的产品，唯有大力发展传统的粗羊毛织品以加持自身在世界贸易中的地位。于是，面对广阔的海外市场的吸引，英国几乎将国内大量的林地、农业用地转型用作牧场，以获得大量的羊毛。由此引发了十七世纪英国社会的一系列革命。其中最核心的是燃料革命。圈地养羊造成了数以万计的无地农业人员涌向城镇，也导致了英国国内木材燃料的奇缺。当国内木材越来越缺乏时，英国人不得不将目光转向被她们长期"嫌弃的"煤炭。英国的煤炭不仅储量丰富，且大多是浅表煤矿。这恰好满足了这一时期英国人对燃料的大量需求。因此，除手工作坊早已使用燃煤外，无论王公贵族，还是平民大众不得不选择燃煤以保证日常生活。然而，人口的集中，以及工商业的迅速发展，导致越来越多燃煤煤烟的释放，给英国的辉煌蒙上了一层不光彩的烟雾。

16世纪末英国伦敦一些手工作坊燃煤释放的煤烟曾惹怒过女王伊丽莎白一世。她为此下令禁止在国王宫殿附近燃烧煤炭。到斯图亚特王朝查理一世时期，这种煤烟问题更加严重。它在伦敦城的各个角落冒出，肆意蔓延，无论国王宫殿、教会建筑，还是民房、工场均已受到煤烟的腐蚀。这与查理一世一心想要彰显绝对君权的意愿背道而驰。因此，绝对服从国王意志的坎特伯雷大主教威廉·劳德（William Laud）下定决心要消除这种影响国王光辉形象的麻烦。然而，当他将两位燃煤酿酒商严惩并处以巨额罚款后，却引起了议会力量的极大不满。议会逼迫国王将劳德大主教推上断头台。随后，在查理二世刚刚复辟王位不久，保王党人约翰·伊维林（John Evelyn）便又向国王提议消除国王宫殿附近冒出的煤烟以及通过国王的命令将手工作坊迁离伦敦主城区，专门划出一块区域供燃煤作坊生产之用。尽管查理二世非常痛恨煤烟，但是他却对治理煤烟没有太大兴趣。于是他便明智地建议伊维林应该推动议会立法来解决煤烟问题。伊维林转向议会的立法并没有结果。他依靠国王治理煤烟的打算亦完全失败。纵观劳德大主教和伊维林治理煤烟的方法，均想依靠特权力量达到消除煤烟的目的，但是，他们均遭到代表集团利益的议会的反对。煤烟继续飘荡在英国的上空。

于是，学者们便开始从认识煤烟的属性准备解决煤烟污染问题。斯图亚特王朝查理一世的朋友肯内尔姆·迪各比（Kenelme Digby）曾用他自己观察到的现象解释原子运动的情况。可惜他的原子论说并不科学，甚至充满诡异的迷信观点，他关于煤烟运动的观点也就显得荒唐不可信。然而，他却对煤烟的属性的猜想非常接近本质。他认为煤烟是由一种非常"尖厉的"物质构成，但是他本人却没有找到可以"盛放"这种"尖利"物质的方法，最后只能建议大家离开飘满煤烟的环境。然而，随后的世纪中不仅英国使用燃煤，似乎每一个欧洲国家在英国的带动下都开始想方设法地使用燃煤。因此，权贵们除了逃到人烟稀少的城郊，也难以逃开煤烟的追随，因为他们使用燃煤的量远远大于普通民众。

当大家普遍接受燃煤生火做饭、加热取暖时，煤炉烟囱成为人们关注的又一件事物。因为它直接关系到驱烟生火的环节。于是，对烟囱的定期清扫成为人们唯一能做到的降低煤烟污染的事情。然而，人们为了保持屋内的温度，烟囱被改造的越来越窄，甚至越来越曲折。这样一来人们没有办法利用任何器物将烟囱壁内的煤灰清除干净，成人更无法进入烟囱清扫。不知何时，英国清扫烟囱的工作全部都由三岁或以上的未成年儿童承担。这个群体的出现起初并没有引起人们的注意，直到18世纪晚期才有人关注到整个伦敦到处都是一群身材瘦小、身穿褴褛衣服、满头满脸黑灰、膝盖弯曲、赤脚且明显红肿的脚后跟，露出的肉体全是疤痕的孩子，他们要么背着沉甸甸的煤灰袋子，要么在大街上吆喝招徕营生。无论严寒酷暑，他们均睡在煤灰袋子上，他们的穿着打扮没有任何变化。对于烟囱清扫师傅而言，他们是学徒，是师傅手中获取利润的资本；对于其他社会力量而言，他们是烟囱清扫工，如此而已。但是，这一时期，英国成人社会中抱团取暖的现象越来越明显。他们利用早期的行会制度与议会讨价还价，与外来力量抗衡。然而唯独这些年幼的孩子无法与任何一个成人集团打交道。他们是一群毫无自我保护能力的孩子，他们稚嫩的身躯常常在冒着焰火的烟囱中爬攀，脚下是燃烧的炭火，一不小心滚下烟囱便跌入火中，即使不掉进炉火中，他们也常常因烟囱过于窄小而窒息死亡。当这些孩子的惨状引起英国社会中的一些仁慈之士的关怀时，他们通过向议会请愿要求立法保护这些过于弱小的孩子。然而，当议案每每进入上议院时，他们以安全为由，认为必须要由这样的孩子充当防火的检查员。因此，这些可怜的弃儿、孤儿抑或人贩子的"杰作"便成为贵族享乐的保障。直到19世纪晚期，英国上院才彻底批准禁止雇用儿童清扫烟囱的立法。从17世纪至19世纪晚期是英国最辉煌的时期，然而，这种辉煌在充斥着黑奴的血腥味的同时，也充斥着英国弱小儿童的血腥味。真正印证了"资本来到世间，从头到脚，每个毛孔都滴着血和肮脏的东西"的评价。

当英国步入工业革命后，蒸汽机开始大量地应用在各行各业的生产中。蒸汽机地使用与燃煤联系最为密切。可以说蒸汽机最初就是为了获得大量的深矿井煤炭而研发的。之后，又经过改良，在19世纪时已在英国大量使用。自然地煤烟的释放量又成倍地增加了。在19世纪20年代，英国一些有识之士又提出降低蒸汽机释放煤烟的措施。代表人物便是迈克·安吉罗·泰勒（Michael Angelo Taylor）。泰勒本人出身富足，长期以来是英国下议院议员。他为人正直，仗义直言。当他负责伦敦人行道铺设、维修事宜时，他又卷入伦敦圣玛丽—德—伯恩（St. Mary - De - Bone）教区与一家自来水厂的纠纷案中。这一时期伦敦因城镇人口大增导致居民用水极度紧张。伦敦自来水厂垄断了给居民供水的业务，它们在供水时经常坐地起价，导致大量居民苦不堪言；而自来水厂经常因内部竞争而导致地下管道铺设不合理，又常常破坏道路。另外，自来水厂在19世纪20年代左右供水一般都使用蒸汽机从泰晤士河抽水。这些蒸汽机日夜怒吼，喷出大量的煤烟。因此，泰勒便以水务厂蒸汽机释放出的大量煤烟熏黑了他和邻居家的花园，并导致他们无法在花园中散步为由向议会引入一部降低所有工厂蒸汽机煤烟释放量的议案。这部议案经过泰勒在议会中的操作最后通过了，但是，这一法案所依靠的可操作性蒸汽机的排烟器的性能并不像泰勒所说的那么有效。而且法案是在接受修正案的基础上通过的。因此，它在降低煤烟方面的实际影响和效应并不明显。原因是很少有制造业主愿意接受这样一部性能没有保障且价格昂贵的机器。他们宁愿接受罚款也不愿意接受这样一台机器的事实说明当时的罚款力度并不大。更何况法案修正案还豁免了部分领域的蒸汽机。这些因素导致泰勒关于减少煤烟的法案实际效果并不明显。煤烟继续飘荡在英国的上空。

至19世纪后期，随着工业化时代的大规模推进，英国制造业工厂释放的废气、废渣、废水对工厂周围的土壤、河流、农作物以及工厂附近的居民健康造成了极大的伤害。由于诉讼费过于昂贵，小农以及普通居民无法将这些制造商告上法庭或获得他们的赔偿。而大土地贵族却将燃煤产生的亚硫酸排除在污染物的名单之外。也就是说，他们认为煤烟对他们的土地以及周边环境不构成威胁。与此同时，伦敦、曼彻斯特等大城市的大烟雾频繁发生，且持续时间愈来愈久，造成城市居民以及其他生物的伤亡越来越严重。煤烟已经像洪水猛兽将城市居民牢牢地围困在期中，让他们无路可逃。仅靠某一个人、某一团体或某一法案已无法解决弥漫在英国社会各个角落的这一问题，而动员全社会的力量解决这一麻烦还要等待一个世纪之久。

由此可见，英国从十七世纪燃料转型以来，煤烟问题如影随形紧跟英国发展的步伐。它既成为特权阶层厌恶的对象，一心想要将它从他们的生活中铲除掉，然而事与愿违。煤烟也成为学者研究的对象，学者们想要通过各种实验和各种学说来认识并解释煤烟，但是在20世纪中期以前一直没有得到正确的认识和有效的办法。以儿童囱清扫者为代表的群体代表着人们与煤烟争斗的技术水平，残忍、原始、落后、自欺欺人中又充满着血腥味。在资本大扩张的年代，仍然有一些敢于直面煤烟的人士，然而由于这些人的力量过于有限，最后也不得不与资本妥协，使烟减排运动没有得到积极影响。19 世纪中后期，对于绝大多数城市居民而言，威胁才刚刚起步。因此，在一个社会性问题出现之后，任何个人或阶层如果仍以自身或本阶层的利益为考量标准的话，则是一叶障目、只见树木不见森林的做法。尤其是环境问题，尽管它可能是由一小撮利益集团引起的，但是它一旦出现便对全社会造成影响，因此，它并不是私有的，每个人都应该参与治理，而政府在环境问题中的态度和决心影响着环境治理的最终结果。

目　　录

绪　　论

一　选题缘起

16 世纪，欧洲通往世界的远洋商道的开辟对环大西洋国家带来了无限商机。继荷兰、西班牙等大西洋各国崛起之后，英国便踏上了这条远洋商道。只不过英国并不仅仅是为了获取黄金、白银，它实际上是为了寻求一个广袤多产的庞大市场以弥补其本土地域狭小、物品单一带来的贫穷。它积极地投入远洋商贸中，从而带动了全国范围内的商品生产与一系列社会变革。而这种变革的聚焦之一就是燃料转型。16 世纪后期，英国境内的林地随着羊毛贸易的扩大而逐渐缩小，相应地，英国境内传统的木材亦越来越少，人们不得已转而使用早已存在的煤炭。到 17 世纪时，因城市人口的激增，又导致周边地区木材快速减少，城市居民对煤炭量的需求显得尤其迫切。与此同时，工业技术的革新导致传统的木材无法充当大机器生产的动力燃料。英国丰富的煤炭资源恰好填补了这种需求，成为城市居民生活与工厂生产的主要燃料。正是这种动力燃料使英国一跃成为举世瞩目的工业巨头。然而，英国的这种辉煌却是以环境遭受煤烟的严重污染为代价的。以"伦敦雾"为代表的烟雾是英国环境污染的典型代表。

近代以来，随着英国社会大变革，大量的农村人口逐渐聚集在以伦敦为首的城镇，导致了城市居民生活资源的匮乏，燃料便是这种最短缺的资源之一。因此，自 16 世纪以来，大量的市民转向接受廉价的煤炭作为燃料。到1688年，伦敦煤炭消费量已六倍于世纪初的消费量。① 这种情况导致伦敦市区环境污染在工业革命之前已经出现端倪。手工业作坊与家庭燃煤成为最初的污染源。

16世纪80年代之前，英国规定只有少数作坊使用燃煤的行为是合法的。另外，为了避免伦敦市民大量使用燃煤，曾有人请求伊丽莎白一世允许砍伐迪厄福尔德（Deerfold）的皇家森林。② 然而，木材供不应求的局面越来越严峻，导致手工作坊主想方设法使用更为便宜的煤炭营业。到16世纪后期，伦敦酿酒业中木材成本约占总成本的1/4，于是，许多酿酒作坊为了节省木材而装置了燃煤设施。这种选择导致的后果之一就是增加了煤烟的释放量。其中，1578年，在威斯敏斯特宫附近的酿酒坊释放的煤烟惹怒了女王，女王下令禁止此地附近的酿酒坊使用海煤。③ 伦敦酿酒公司（London Company of Brewers）向弗朗西斯·沃尔辛厄姆（Sir Francis Walsingham）递交了一份请愿书，表示理解女王对煤烟的厌恶，保证不再在威斯敏斯特宫附近燃烧海煤。④ 不仅如此，1623年的一部法案禁止距离宫廷或威尔士王子经常入住的任何一所房子一英里内的酿酒商使用煤炭，严禁伦敦桥以西的任何街道和地方以及靠近主教门（Bishopsgate）的酿酒坊燃烧煤炭。⑤ 即使如此，当酿酒作坊和印染作坊使用燃煤作业后，这两大行

---

① J. U. NEF, *The Rise of British Coal Industry*, Vol. Ⅱ, London：George Routledge & Sons, LED., 1932, p. 261.

② John Hatcher, *The History of the British Coal Industry*, *Volume 1：Before 1700：Towards the Age of Coal*, Oxford：Clarendon Press, 1993, p. 413.

③ 关于"海煤"的称呼，英国学术界有三种解释：第一种说法是因为不列颠北方（纽卡瑟尔、诺萨姆伯兰等地）的煤炭是通过海运到达南方的，因此被称作"海煤"；第二种说法是因为煤炭最初来自大海，要经过海浪的冲洗，然后再出售；第三种说法是因为煤炭最初是在英国沿海地区使用的，大陆地区则称其为"海煤"。（参见 J. U. Nef, *The Rise of the British Coal Industry*, Vol. Ⅱ, London：George Routledge & Sons, LED., 1932, pp. 452 – 453.）笔者认为"海煤"一词的存在，与海运、沿海地区使用均有关系，而随着时间的发展，更多的人对它的理解偏向于第一种解释。

④ Robert Lemon, ed., *Calendar of State Papers*, *Domestic Series*, *of the Reigns of Edward Ⅵ., Mary, Elizabeth, 1547 – 1580*, London：Longman, Brown, Green, Longmans, & Roberts, 1856, p. 612.

⑤ Great Britain. Royal Commission on Historical Manuscripts, *Third Report of the Royal Commission on Historical Manuscripts*, London：For Her Majesty's Stationery Office, 1872, p. 29.

业在短短的时间内成为当时伦敦庞大的煤炭消费行业。1696 年伦敦一位酿酒商每年燃烧的煤炭，估计已达到 600—750 吨；而伦敦酿酒商的人数亦从 1585 年的 26 名增加到 1699 年的 194 名。① 除此之外，1611 年 2 月 26 日的一份文件显示，玻璃制造业早已开始使用燃煤，并且一直进行燃煤炉的改良与研发。② 不仅如此，1692 年 12 月 6 日和 14 日，伦敦的商人向议会请愿，要求使用煤炭进行熔铁和铸铁，以提高英国的铸铁质量，以及节约大量用于铸铁的木材。③ 这项请愿最终获得议会的批准。至此，除酿酒业和印染业外，制盐、蒸馏、制糖、玻璃、烟斗制造等手工业燃料亦从木材转向燃煤。相应地，这一时期伦敦的燃煤量上升较快。1575—1580 年，泰晤士河谷煤炭年消费量 1.2 万吨，占东部和东南部市场总量的 29%。到 1685—1699 年，泰晤士河谷煤炭年消费量上升到 45.5 万吨，占东部和东南部消费市场的 66%。④ 由此可见，英国从 16 世纪后期禁止伦敦工业作坊使用燃煤到 17 世纪后期批准大部分作坊使用燃煤，以及燃煤量的增加均充分说明燃料已成为此时制约其商品生产的唯一因素，而煤炭又是唯一能够满足这种需求的燃料。这种局面导致大量的手工作坊想方设法获得煤炭资源以保障其生产。

17 世纪后期，手工业作坊的发展已深受煤炭的制约。为了保证持续获得煤炭，1690 年 12 月 2 日，伦敦的酿酒商与伦敦及威斯敏斯特的居民发起请愿，请求下院通过一项关于建立"煤炭银行"（Coal Bank）的议案，

---

① John Hatcher, *The History of the British Coal Industry*, *Volume 1*: *Before 1700*: *Towards the Age of Coal*, Oxford: Clarendon Press, 1993, pp. 439, 441.

② Mary Anne Everett Green, ed., *Calendar of State Papers*, *Domestic Series*, *James* Ⅰ. *1611 – 1618*, *Preserved in the State Paper Department of the Majesty's Public Record Office*, London: Longman, Brown, Green, Longmans &Roberts, 1858, p. 13

③ William John Hardy, ed., *Calendar of State Papers*, *Domestic Series*, *of the Reign of William and Mary*, *1ˢᵗ November 1691 – End of 1692*, London: Her Majesty Stationery Office, 1900, pp. 518, 523, 524.

④ J. U. Nef, *The Rise of the British Coal Industry*, *Vol.* Ⅰ, London: George Routledge & Sons, LTD., 1932, p. 80.

以保障他们的煤炭需求量及煤价不受战争影响。① 而政府对此类请愿亦采取了相应措施。1720 年 4 月 27 日，英国下院的一份报告显示，政府打算对经营从纽卡瑟尔到伦敦的煤炭股份公司资助 100 万英镑以保障其航海和销售的正常运营。② 此外，高昂的煤炭税收导致玻璃制造业陷入困境。1696 年，伦敦萨瑟克（Southwark）区的玻璃作坊主、工人以及各种雇佣人员向下院呈递一份请愿书，指出政府针对煤炭征收较大比例的税收导致许多玻璃作坊停工或即将停工；如果政府继续征收煤炭税的话，该制造业将会被毁掉，穷人将会挨饿，而那些能工巧匠们为了就业将被迫移民国外。③ 由此可见，煤炭已成为各主要作坊的核心生产资料。

当各类作坊接纳燃煤时，市场中的煤炭质量也出现良莠不齐的现象，劣质煤燃烧不充分，释放出更加浓烈的有毒气体，进一步加重了空气污染的程度。然而，劣质煤炭因为价格低廉而深受制盐者、石灰烧制者、制砖者、印染者以及铁匠的青睐。这种情况招致人们对燃煤质量的抱怨。然而，政府在介入调查之后对混合劣质煤炭却给予肯定，当时的伦敦市长认为应该充分利用混合煤炭的商业价值，而不是仅将它们当作废物。④ 这种鼓励商家使用劣质煤炭的后果便是大量含有毒物质的煤烟排入空气中，进而污染城市环境，影响市民的健康。

17 世纪后期，燃煤消费量的增加以及劣质煤炭的流行，导致伦敦煤烟更加猖獗。约翰·伊维林描述了 17 世纪 60 年代伦敦煤烟四处弥漫的景象：国王白厅的所有房子、走廊等处均充满了煤烟，人们笼罩在烟雾中看不清对方；一旦煤烟进入某个地方，此处原来的华丽和完美将不可能长久保

① Great Britain House of Commons, *Journals of the House of Commons*, Volume 10, London：Re - printed by order of the House of Commons, 1803, p. 491.

② Great Britain House of Commons, *Journals of the House of Commons*, Volume 19, London：Re - printed by order of the House of Commons, 1803, p. 341.

③ Great Britain House of Commons, *Journals of the House of Commons*, Volume 11, London：Re - printed by order of the House of Commons, 1803, p. 391.

④ Great Britain, City of London, Corporation, *Analytical Index to the Series of Records Known as the Remembrancia. Preserved among the Archives of the City of London*, A. D. 1579 - 1664, London：E. J. Francis& Co., Took's Court and Wine Office Court, E. C., 1878, pp. 82 - 84.

持；很显然，这些煤烟来自酿酒商、染匠、石灰锻造商、盐商、肥皂商以及一些私人行业特定的烟道出口；这些令人压抑的煤烟与空气混合在一起，导致人们呼吸不畅，在伦敦的公众场所总能听到不停地咳喘声、吸鼻子的声音以及吐痰声。① 正如伊维林所言，工场煤烟不仅对当时的建筑物构成了威胁，也直接伤害了人体健康。

1700 年时，酿酒、印染、玻璃、石膏、砖、蒸馏、烘焙等轻工业构成英国工业燃煤消费的主体。伦敦是这些轻工业作坊的集中地。因此，伦敦的燃煤需求量在 18 世纪亦快速上升。18 世纪 30 年代，伦敦市每年从纽卡瑟尔运入的煤炭在 70 万吨左右。② 从 1728 年夏季到 1792 年夏季运入伦敦港口的煤炭总计 4700 多万吨③。这造成伦敦空气污染问题较之前更加突出。另外，英国煤炭含硫量较高，大量的硫化物随着煤烟被排入伦敦的空气中，继而严重腐蚀建筑物。含硫的空气使得伦敦大火之后重新建造的圣保罗大教堂在竣工之前就出现明显被空气腐蚀的痕迹。18 世纪，大多数伦敦人及到伦敦的游客均对此建筑的破败迹象感叹不已，亦对当时伦敦大气污染的情况惊讶不已。一位当时游历伦敦的旅行家看到这样的景象：伦敦被潮湿而黑暗的空气包裹着，黑色的尘埃落满城市的各个角落；伦敦居民为了保持家庭卫生而每天都要擦洗碗碟、炉石、可移动物品、房间、门、楼梯、临街的门、锁，以及大大的黄铜门环，即使在公寓中，楼梯中间也常常铺着毛毯以防弄脏；家里的所有房间均有席子或毛毯；房间的地板和楼梯每天擦洗才能保持白色的外观；人们出行时为了防止灰尘而戴着棕色的卷发发套，穿着黑色的长裤和蓝色的大外套。④ 由此可见，1800 年之前，手

---

① John Evelyn, *Fumifugium, or The Inconveniencie of the Aer and Smoak of London Dissipated*, Exeter: The Rota at the University of Exeter, 1976, pp. A2 − 6.

② George Nixon, *An Enquiry into the Reasons of the Advance of the Price of Coals, within Seven Years past*, London: Printed for E. Comyns, 1739, p. 28.

③ John Frost, *Cheap Coals: A Countermine to the Minister and His Three City Members*, London: Printed for T. Parsons, 1792, p. 24.

④ M. Grosley, *A Tour to London; or, New Observations on England, and its Inhabitants*, Translated by Thomas Nugent, London: printed for Lockyer Davis, in Holborn, printer to the Royal Society, 1772, pp. 33, 73.

工业燃煤造成的污染已经对伦敦居民的日常生活产生了较大的影响。

与此同时，家庭燃煤成为环境污染的又一个重要来源。伦敦家庭燃煤不仅历史悠久，并且在各个时期所占的比例均不容忽视。从16世纪后期到18世纪初期，随着圈地运动的深入推进，大量"富余"农村劳动力开始涌入城镇。1524年，伦敦人口为6万人，1605年已达到22.4万人。① 1650年上升到40万人，17世纪末，伦敦人口上升到57.5万人，1750年为67.5万人，1800年达到90万人，成为欧洲最大的城市。② 伦敦人口大幅增加，为环境污染埋下了隐患。1550年时，大约5/6的英国煤炭用于家庭，到1688年仍然有2/3的煤炭用于家庭。③ 由此可见，伦敦家庭成为燃煤市场的主要消费者。而家庭燃煤释放的煤烟因分散性的特点，对环境构成的威胁最初常常被人们所忽视。然而，随着伦敦家庭燃煤量的急剧增加，导致了严重的空气污染。

伦敦城市人口膨胀的同时，燃料市场也发生着巨大的变化。1540—1640年期间，伦敦木材的价格几乎相当于其他商品价格的三倍，而煤炭的价格并没有总的通货膨胀率高。④ 因此，煤炭在普通民众的日常生活中越来越重要。在伊丽莎白一世继位之前，英国家用燃煤已逐渐普及。而伦敦居民亦在16世纪末之前，开始放弃木材，选择煤炭作为主要的家庭燃料。这一时期，伦敦运煤船规格的发展足以印证这种历史性的变化。1592年，伦敦煤炭运输船载重量平均为56吨；1606年，伦敦煤炭运输船载重量平均上升到73吨；1615年，又达到83吨；1638年，跃至139吨；1701年，已攀升到248吨。⑤

① Ken. Powell, Chris. Cook, *English Historical Facts 1485 - 1603*, London：Palgrave Macmillan, 1977, pp. 197, 198.

② J. A. Chartres, *Pre - industrial Britain*, Oxford UK & Cambridge USA：Basil Blackwell, 1994, p. 203.

③ J. U. Nef, *The Rise of the British Coal Industry*, Vol I, London：George Routledge &Sons, LTD. , 1932, p. 220.

④ Peter Thorsheim, *Inventing Pollution：Coal, Smoke, and Culture in Britain since 1800*, Athens：Ohio University Press, 2006, p. 3.

⑤ J. U. Nef, *The Rise of the British Coal Industry*, Vol I, London：George Routledge &Sons, LTD. , 1932, p. 390.

1699 年，纽卡瑟尔煤炭贸易量的 2/3，约 45 万吨煤炭运往伦敦。[1] 1729 年的数据显示，当时每年仅从纽卡瑟尔运往伦敦的煤炭就已达 60 万吨。[2] 不仅如此，伦敦运煤船的数量也占全国运煤船的较大比例。1730 年，英国煤炭行会（Coal Trade）拥有 1000 多艘船只，其中的 400 艘为伦敦运煤船。[3] 由此可见，越来越多的煤炭通过海路运入伦敦。到 1750 年，每年沿南部海岸运来的煤炭大约达到 65 万吨，是前几百年总和的 2 倍。[4] 伦敦煤船载重量的大幅增长从另一侧面反映了伦敦居民对煤炭需求量的急剧增加。17 世纪以后，伦敦各阶层非常依赖煤炭，而伦敦煤炭却一直供不应求。因此，人们想方设法去获得煤炭以应付日常生活和严寒的天气。例如，1607 年，一位伦敦鱼贩子为了能购买到煤炭转而做起煤炭买卖。[5] 战乱时期，北方煤炭更加难以运入伦敦。因此，大多数伦敦居民无法获得煤炭。有鉴于此，伦敦市政采取了煤炭定量配给制，但是仅限从教区教监那里获得购买券的居民购买煤炭。不仅如此，伦敦煤价也因煤炭供不应求一路飙升。伦敦穷人只能望"煤"兴叹。如 1657 年，伦敦发生多起穷人因买不起昂贵的煤炭而无法蒸煮食物，最终被活活饿死的事例。[6] 不仅穷人的生活难以离开煤炭，伦敦的上层人士亦然。这点我们可以在塞缪尔·彭皮斯[7]（Samuel Pepys）的日记中看出：1661 年 9 月 16 日，彭皮斯运回一船约 15

---

[1]　John Holland, *The History and Description of Fossil Fuel, the Collieries, and Coal Trade of Great Britain*, London: Whittaker and Co., Sheffield: G. Ridge, 1835, p. 317.

[2]　Great Britain House of Commons, *Journals of the House of Commons*, Volume. 21, London: Reprinted by Order of the House of Commons, 1803, p. 370.

[3]　Great Britain House of Commons, *Journals of the House of Commons*, Volume 21, London: Reprinted by Order of the House of Commons, 1803, p. 516.

[4]　J. U. Nef, *The Rise of the British Coal Industry*, Vol. II, London: George Routledge&Sons, LTD., 1932, pp. 381 – 382.

[5]　J. U. Nef, *The Rise of the British Coal Industry*, Vol. I, London: George Routledge &Sons, LTD., 1932, p. 397.

[6]　Mary Anne Everett Green, ed., *Calendar of State Papers*, *Domestic Series*, of the Reign of Charles II. 1664 – 1665, London: Her Majesty's Public Record Office, 1863, p. 154.

[7]　塞缪尔·彭皮斯（1633—1703）是查理二世和詹姆斯二世时期英国议员之一，曾任英国海军部首席行政长官，并且对皇家海军专业化改革影响深远，他的日记为后人研究 17 世纪英国社会史提供了非常珍贵的资料。

吨的煤炭，其中12吨供自己使用，另外，还有一些要还清此前借用别人的煤炭。[①] 这篇日记一方面反映出彭皮斯的经济实力雄厚，他可以独自拥有一整船的煤炭；另一方面，通过彭皮斯借用别人家的煤炭度过缺煤的日子这一事实，又反映出当时伦敦居民依赖煤炭的程度之深。煤炭在伦敦居民的生活中如此重要，以至于人们对煤炭的关注程度远远超越了对当时进行的英国战争的关注。1667年6月23日，彭皮斯记载英国国王即将加入法荷遗产战争，他担心的是这件事使伦敦和整个英王国又将遭受一段时日的煤炭短缺之苦。[②] 而对于战争，他并未流露出更多的担心。由此可见，煤炭在当时伦敦各阶层民众的生活中已占最重要的地位。

随着伦敦各阶层对煤炭需求量的增加，伦敦家庭煤炭消费量比重增加。17世纪，伦敦一幢私人大房子正常的煤炭年供应量在20吨到50多吨。[③] 因此，到17世纪中期，伦敦家庭用煤占总煤炭消费量的一半。17世纪末，伦敦每年输入煤炭量超过45万吨，居民可能每年消费煤炭40万吨，相当于每人每年大约消费煤炭量0.93吨，而整个英国的人均煤炭消费量约为0.52吨。[④] 由此可见，这一时期伦敦居民年消费煤炭量几乎等于英国人均年消费煤炭量的2倍。即使如此，也有相当一部分穷人无法得到过冬的燃煤。一位诗人描写当时伦敦的情况：冬天你会看到四处升起的煤炭烟火以及带着蓝色火焰的硫；而穷人却在哀叹缺煤少炭![⑤] 除此之外，运入伦敦的煤炭质量并不能得到保障。如，1738年2月28日，伦敦那些消费大量煤炭的居民、玻璃制造者、酿酒者以及其他各大手工业行业中的工匠向

① Henry B. Wheatley, ed., *The Diary of Samuel Pepys – Complete 1661 N. S.*, London: George Bell and Sons; Cambridge: Deighton Bell and Co., 1893, 16th of Sept. 1661.

② Henry B. Wheatley, ed., *The Diary of Samuel Pepys – Complete 1661 N. S.*, London: George Bell and Sons; Cambridge: Deighton Bell and Co., 1893, 23rd of June 1667.

③ J. U. Nef, *The Rise of the British Coal Industry*, Vol. II, London: George Routledge &Sons, LTD., 1932, p. 204.

④ J. U. Nef, *The Rise of the British Coal Industry*, Vol. I, London: George Routledge &Sons, LTD., 1932, p. 83.

⑤ Mr. Gay, *Trivia: or, the Art of Walking the Streets of London*, The Third edition, London: Printed for Bernard Lintot, 1730, p. 12.

英国下院呈递一份请愿书，内容包括运入伦敦的大量劣质煤炭和无用煤炭常常混杂一些优质煤炭后，以最高煤价销售给伦敦的消费者。他们恳请议会考虑解决这样的问题。① 然而，这种情况并没有得到改善，并且加剧了伦敦空气污染的程度。十年后，一位游客描述了伦敦煤烟的状况：伦敦总是悬浮着雾状的云，这些云来自持续燃烧着的数不胜数的壁炉的煤烟，浓浓的煤烟切断了人们的视线，以至于从当时伦敦城的最高点——圣保罗教堂的塔顶看不到较远的景观。② 因此，伦敦家庭排放出越来越多的有毒燃煤气体，不仅对环境造成破坏，而且影响了人们的正常生活。

尽管当时伦敦手工业与居民的煤炭消费量无法与后期工业化过程中英国煤炭的总消费量相提并论，但是，随着伦敦日益增长的燃煤消费量，环境已经受到较大的污染。由于当时家庭日常使用燃煤的持续性以及集中性方面均弱于工业作坊或工场，家庭燃煤并没有受到人们过多的关注。而正在紧锣密鼓地推进的工业革命将英国环境进一步带向污染的深渊。

18 世纪 50 年代以后，英国的海外市场已非常庞大。为了更好地控制这些海外市场，英国加大了本土工业制成品的生产，并源源不断地倾销到远洋市场。而这种大规模的工业生产又推动了机械化发展。如，杜诺姆于1717 年首次装置纽考门蒸汽机，到 1800 年时达到 103 台，1791 年首次装置瓦特蒸汽机，1800 年时已达 18 台。③ 生产部门的机械化亦带动了运输部门的机械化。蒸汽机在船运业的普及率也得到极大地提高。1835 年整个不列颠港口的各种规模的蒸汽船已达 527 艘，其中 397 艘船只注明载重量在36849 吨。④ 18 世纪初期 200 多吨的运煤船与之无法相提并论。蒸汽机在工业中的使用预示着英国煤炭的用途将从主要的加热资源转向工业动力能

① Great Britain House of Commons, *Journals of the House of Commons*, *Volume* 23, London：Reprinted by Order of the House of Commons, 1803, p. 263.
② Pehr Kalm, *Kalm's Account of his Visit to England：On his Way to American in 1748*, London, New York：Macmillan and Co., 1892, pp. 26, 122.
③ Alessandro Nuvolari, Bart Verspagen, Nick von Tunzelmann, "The early Diffusion of the Steam Engine in Britain, 1700 – 1800：A Reappraisal", *Cliometrica*, Vol. 5, 2011, pp. 291 – 321.
④ John Holland, *The History and Description of Fossil Fuel*, *The Collieries*, *and Coal Trade of Great Britain*, London：Whittaker and Co.；Sheffield：G. Ridge, 1835, p. 419.

源，也反映了这一时期英国煤炭需求量大幅增加的状况。如果说，1700 年时工业燃煤量与家庭燃煤量基本持平，到 1800 年，英国家庭消费煤炭量已落后于工业煤炭消费量。1830 年英国国内煤炭总消费量达 3000 万吨，其中工业消费达 1840 万吨，而家庭消费达到 1165 万吨。[①] 这种情况说明正是英国境内丰富的煤炭资源为工业革命的发生与发展提供了能源保障，反过来讲，工业化生产使煤炭消费量成倍增长。

伦敦作为英国的大都会，是英国最早（于 1698 年）装置纽考门蒸汽机的地方，1776 年首次装置瓦特蒸汽机，到 1800 年两种蒸汽机分别达到 44 台、77 台。[②] 与此相应，伦敦煤炭的需求量亦大幅增加。1760 年，伦敦输入的煤炭量约为 65 万吨，1763 年约为 99 万吨，1813 年已上升到 180 万吨。[③] 1801 年伦敦运入煤炭约 129 万吨，1811 年约为 149 万吨，1821 年约 174 万吨。1833 年伦敦港运入煤炭量达到 201 万多吨。[④] 除英格兰北部的煤炭外，苏格兰与南威尔士的煤炭也逐渐进入伦敦。1831 年英国议会法令保障了伦敦与南方煤炭贸易机构的合作。1836 年进入伦敦的煤炭中已有约 10% 的分量主要来自苏格兰和南威尔士。[⑤] 这说明随着蒸汽机的普及，已有的煤炭供应市场已无法满足伦敦急剧增加的煤炭需求量，必须开拓新的煤炭供应市场以满足这种需求。伦敦家庭燃煤在这一时期，仍然占有相当大的比例。1748 年 2 月 15 日的一篇日记反映了伦敦市民的用煤状况：伦敦居民使用的唯一燃料是煤炭，人们居住的房子里都有一个从早到晚燃煤的火炉，尽管燃烧大量的煤炭，由于设计不合理，大量的热量随着烟囱流

---

① Roy Church, Alan Hall and John Kanefsky, *The History of the British Coal Industry*, Vol. 3: *1830 - 1913: Victorian Pre - eminence*, Oxford: Clarendon Press, 1986, p. 19.

② Alessandro Nuvolari, et al. "The early Diffusion of the Steam Engine in Britain, 1700 - 1800: a Reappraisal", *Cliometrica: Journal of historical economics and econometric history*, Vol. 5, May 2011, pp. 291 - 321.

③ Robert Edington, *A Treatise on the Coal Trade*, (Second Edition), London: Printed for J. Souter, 1814, pp. vi, 153.

④ John Holland, *The History and Description of Fossil Fuel, the Collieries, and Coal Trade of Great Britain*, London: Whittaker and Co; Sheffield: G. Ridge, 1835, pp. 388, 431, 432.

⑤ Roy Church, *The British Coal Industry*, Vol. 3: *1830 - 1913: Victorian Pre - eminence*, Oxford: Clarendon Press, 1986, p. 71.

出屋外，致使整个屋子的温度却不超过10摄氏度。[①] 在此期间，伦敦人口亦大幅增加。1801年，伦敦市区及其附近人口约有82万人，到1811年时，已增加到约95万多人，1821年超过114万人；第一个十年人口增长率每年为1.65%，而煤炭输入量平均增长率为15.52%；第二个十年年均人口增长率为2.33%，煤炭输入量年均增长率为19.61%。[②] 由此可见，在1750—1850年间，伦敦燃煤增速高于其人口增速，而家庭取暖是伦敦煤炭市场中的重要部分。这种情况自然加重了伦敦空气的污染程度。

到19世纪初时，伦敦居民人数的迅猛增加，带动了一大批轻工业企业，如炼焦厂、酿酒厂等。它们对煤炭的需求量逐年上升，加之英国大部分地区出产的煤炭，硫含量非常高，在燃烧不充分的条件下，大多数硫会随着煤烟被排放到空气中，或者混合在煤灰中形成各种硫化合物污染环境。我们可以通过下表来看英国各地煤炭硫含量的情况。

表1 英国各矿区煤炭硫含量一览[③]

来源	煤炭类型	硫含量（%）
诺丁翰煤屑	沥青	0.45
兰开郡	沥青	1.38
约克	沥青	1.20
杜诺姆	沥青	1.00
苏格兰	无烟	0.10
南威尔士	沥青	0.40
南威尔士	无烟	1.20

资料来源：William A. Bone, *Coal and Its Scientific Uses*, London：Longmans, Green and Co.，1918，p. 62.

由上表可知，英国的煤炭大致分为无烟煤（硬煤）和沥青煤（泥煤或

① Pehr Kalm, *Kalm's Account of his Visit to England on his Way to American in 1748*, London，New York：Macmillan and Co.，1892，pp. 7，137.

② John Holland, *The History and Description of Fossil Fuel, the Collieries, and Coal Trade of Great Britain*, London：Whittaker and Co.；Sheffield：G. Ridge, 1835, pp. 431 – 432.

③ William A. Bone, *Coal and Its Scientific Uses*, London：Longmans, Green and Co.，1918，p. 62.

烟煤)，其中诺丁汉、苏格兰以及南威尔士地区的部分煤炭含硫量低于
1.0%，分别为0.45%、0.1%、0.7%（0.4%，0.57%，0.9%），兰开
郡、约克、杜诺姆以及南威尔士部分煤炭含硫量分别为1.38%、1.20%、
1.20%。当时，在几乎没有任何有效的减排措施下，空气中充满悬浮的颗
粒物密度可想而知。这种充满硫的颗粒遇到水蒸气形成酸雨，对植物、土
壤、建筑的腐蚀极强。

　　伦敦迅猛增加的燃煤量释放出大量的煤烟以及氧化硫物质，给周围的
植物、民居以及建筑物都带来了污染。1748年，卡尔姆（Pehr·Kalm）看
到一些金银器如果不经常擦拭，将很快被煤烟熏成黑色。以前国王们的塑
像，如查理一世、查理二世以及詹姆斯二世的塑像看上去就像是小黑鬼或
一位街道清扫者的样子。而当雪花降落在地面上时，竟然会有黑色。所有
的房子被煤烟熏得要么呈现出黑色，要么是灰色。为防止煤烟的侵蚀，一
些珍稀植物物种不得不被移植到伦敦城外。[①] 由此可见，当时含硫废气对
周围空气造成的影响已经非常严重。

　　随着伦敦居民以及工业燃煤量的持续增加，空气中存在大量悬浮的颗
粒物，形成能见度极低的大雾，严重影响人们的生活。从19世纪初到19
世纪50年代，伦敦越来越频繁地出现大雾天气，并且大雾越来越浓。这一
情况我们通过下表中来自格林威治的数据可以看出：

表2　　　　　　　　1811—1860年伦敦格林威治大雾变化

年代	每年大雾的平均天数	每年浓雾的平均天数
1811—1820	18.7	2.4
1821—1830	19.6	2.5
1831—1840	26.3	5.2
1841—1850	22.1	3.9
1851—1860	33.0	7.6

资料来源：J. H. Brazell, *London Weather*, London：Her Majesty's Stationery Office, 1968, p. 102.

---

① Pehr Kalm, *Kalm's Account of his Visit to England on his Way to American in 1748*, London, New York：Macmillan and Co. , 1892, pp. 106, 138.

从上表可知，随着蒸汽机的逐步使用，伦敦格林威治地区的大雾持续天数及浓度也逐步上升。从最初平均每年大雾天气数为 18.7 天，其中浓雾数为 2.4 天上升到 19 世纪 30 年代的每年大雾数为 26.3 天，浓雾数为 5.2 天。尽管从表格上看出 19 世纪 40 年代似乎有所下降，但是到 19 世纪 50 年代大雾天数和浓雾天数分别上升到 33 天、7.6 天，高于之前的任何十年间的数据。而且大雾的高峰期在 19 世纪下半期才将真正开始。

大雾天气对人们的出行造成极大的不便。如，从 1813 年 12 月 27 日傍晚开始，持续到 1814 年 1 月 4 日才结束的伦敦大雾，导致英国摄政王中断了出行，因能见度极低，他们在非常近的返程中花费了好几个小时，并且他的一位骑士护卫还在这次返程途中在大雾中跌进肯特镇（Kentish Town）的沟渠中。此次大雾中有一辆返回梅登翰德（Maidenhead）的马车不仅迷路，而且还发生翻车的事故。不仅如此，曾对当地道路非常熟悉的几位行人也在大雾中迷路了。① 而此次大雾仅仅为 19 世纪时常出现的伦敦大雾拉开了序幕。

19 世纪中期，英国凭借自己丰富的工业产品与庞大的海外市场，建立起全球性的工业大帝国。而建立这一工业帝国的基石恰恰就是国内丰富的煤炭资源。然而，煤炭一方面催生了现代化工业，为英国带来无限商机与巨额财富，另一方面，煤炭的大量使用造成英国本土环境的急速恶化，反而成为帝国发展的绊脚石。

这一时期，随着英国城市人口和工业生产的快速增长，其燃煤使用量也迅猛增加。以钢铁业为例，1840 年该产业消费煤炭量为 960 万吨，到 1913 年时已上升到 3340 万吨。② 1859 年英国国内煤炭产量约为 6600 万吨，③ 其

---

① J. H. Brazell, *London Weather*, London: Her Majesty's Stationery Office, 1968, p. 12.

② Roy Church, *The History of the British Coal Industry*, Vol. 3, *1830 – 1913: Victorian Pre – eminence*, Oxford: Clarendon Press, 1986, p. 19.

③ W. Fordyce, *A History of Coal, Coke, Coal Fields, Progress of Coal Mining, the Winning and Working of Collieries, Household, Steam, Gas, Coking, And Other Coals, Duration of the Great Northern Coal Field, Mine Surveying and Government Inspection, Iron, Its Ores, and Processes of Manufacture*, London: Sampson Low, Son, and Co., 1860, p. v.

中英国国内消费煤炭约为 5599 万吨，平均每人消费煤炭 2.114 吨；到 1871 年英国国内消费煤炭约高达 10184 万吨，平均每人消费煤炭高达 3.212 吨。① 而英国家庭燃煤在 1929 年高达 4000 万吨，1960 年时家庭消费煤炭量仍达 3610 万吨。② 与此同时，英国燃煤质量大幅下降。1947 年时，英国全国煤矿中原煤含灰尘的比例为 10%，1962 年已上升到 30%，大小为 100 毫米的煤炭从 1947 年的 31% 下降到 1962 年的 13%，而大小不超过 25 毫米的煤炭比例则从 40% 上升到 67%。③ 这也造成燃煤释放的固体污染物随之大增。1953 年工业和家庭释放烟量分别为 110 万吨、135 万吨；1960 年时，这一数据分别为 35 万吨，120 万吨左右。④ 这种情况在伦敦尤其突出。

随着工业的迅猛发展，伦敦的煤炭消费量飞速增长。1857 年 6 月到 1858 年 6 月仅从诺萨姆伯兰（Northumberland）和杜诺姆（Durham）运入伦敦的煤炭就达 298 万多吨，1858 年 6 月到 1859 年 6 月又上升到约 304 万吨。⑤ 1869 年进入伦敦市场的煤炭量达到 622 万多吨，消费量约为 513 万多吨，其中砖瓦、煤气、水以及总的制造业消费煤炭量约达 297 万吨，其他消费约为 217 万吨，人均消费达到 1.089 吨；1871 年进入伦敦市场的煤炭总量达到 721 万多吨，其中消费量达到 581 万多吨，人均消费煤炭量达到 1.114 吨。⑥ 1873 年伦敦消费煤炭量约为 610 万吨，尽管 1874 年有所下

① Great Britain Parliament, The House of Commons, The Select Committee on Coal, *Report from the Select Committee on Coal*, London：The House of Commons, 1873, p. iii.

② William Ashworth, Mark Pegg, *The History of the British Coal Industry：Vol. 5, 1946 – 1982：The Nationalized Industry*, Oxford：Clarendon Press, 1986, p. 41.

③ William Ashworth, Mark Pegg, *The History of the British Coal Industry：Vol. 5, 1946 – 1982：The Nationalized Industry*, Oxford：Clarendon Press, 1986, p. 103.

④ Eric Ashby, Mary Anderson, *The Politics of Clean Air*, Oxford：Clarendon Press, 1981, p. 118.

⑤ W. Fordyce, *A History of Coal, Coke, Coal Fields, Progress of Coal Mining, the Winning and Working of Collieries, Household, Steam, Gas, Coking, And Other Coals, Duration of the Great Northern Coal Field, Mine Surveying and Government Ispection, Iron, Its Ores, and Processes of Manufacture*, London：Sampson Low, Son, and Co., 1860, p. 108.

⑥ Great Britain. Parliament. House of Commons. Select Committee on Coal, *Report from the Select Committee on Coal*, London：The House of Commons, 1873, p. vii.

降，但仍然高达 563 万多吨。[①] 大量燃煤导致伦敦城的空气质量严重下降，污染成为一种常态化现象。

19 世纪中后期，大量的燃煤导致伦敦煤烟的污染达到登峰造极的程度：格林威治（Greenwich）布兰克希斯（Blackheath）及其附近的众多居民抱怨泰晤士河岸边云集的工厂释放大量烦人的煤烟，这些工厂包括化肥厂、酒厂、沥青厂、石油厂、糖厂以及屠宰厂，居民常年遭受一种恐怖且令人窒息的气味熏抚，甚至整个晚上都无法入眠，因此，他们纷纷离开此地，留下大批闲置的房子；除此之外，在泰晤士河下游，靠近诺斯弗利特（Northfleet）的地方水泥厂云集，也招致附近居民的抱怨：无论风向来自水泥厂的哪个方向，浓郁的刺激性的气味都穿过人们的喉咙，刺激呼吸器官、让人恶心反胃，他们感到自己总是处在一种生病的状态，并且不得不长期关闭门窗；坎特伯雷大主教（Archbishop of Canterbury）、兰贝斯教区长（Rector of Lambeth）以及其他目击者指责附近制陶厂、蜡烛制造厂以及屠宰场排出的有毒蒸汽摧毁了兰贝斯宫（Lambeth Palace）以及其他建筑的石头，并且毁坏了附近的包括大主教的花园以及泰晤士滨河路（Thames Embankment）上的树木；伦敦的煤烟对房地产业也产生了很大的影响，厄姆弗利威尔（Umfreville）先生在水泥厂附近有一处房产，价值应该在 10 万英镑，受难闻气味的影响，价值折半；一位泰晤士河的游艇主人描述了来自诺斯弗利特工厂的蒸汽浓雾让他无法看清自己游艇前部的斜桁；城市路（City Road）上、尤斯顿广场（Euston Square）周围、费因斯伯里广场（Finsbury Square）以及所有伦敦其他地方的树木都受到了来自伦敦东部煤烟的摧毁，逐渐枯死。[②] 由此可见，人类社会前所未有的工业生产最终造成了这一时期前所未有的环境污染。受这种污染损毁的不仅仅只有高楼建筑，自然界的一切，包括人的身心均受到这种肮脏的空气的侵蚀。

---

① Benj. Bannan, *The Miners' Journal Coal Statistical Register*, *1875*, *Statistics of the Coal Trade for the Year 1874*, Pottsville, P A.：Miners' Journal Office, 1875, p. 22.

② Great Britain. Royal Commission on Noxious Vapours, *Report of the Royal Commission on Noxious Vapours*, London：Printed by George Edward Eyre and William Spottiswoode, Printers to the Queen's Most Excellent Majesty, For Her Majesty's Stationery Office, 1878, pp. 22－25, 119, 304.

这一时期，伦敦空气中充满大量的燃煤沉淀物。1913 年的数据显示：伦敦行政县每年降落的煤烟估计高达 7.6 万吨，相当于每平方英里达到 650 吨。[1] 在 20 世纪第一次世界大战期间，伦敦及其他英国城市监测到的污染颗粒沉淀物的情况，我们可通过下表看出。

表3 1915—1916 年英国大城市污染颗粒沉淀物平均值一览

单位：吨/平方英里

地点 ＼ 沉淀物	不可溶解矿物质	可溶解矿物质	易燃或易挥发可溶解物质	碳物质或者烟尘物质	三氧化硫
奥尔德姆（Oldham）	41.85	13.81	6.16	16.39	6.53
谢菲尔德（Sheffield）（1914—1915）	23.71	15.93	4.58	9.61	7.25
伦敦（8 个站点）	13.65	12.89	5.07	5.89	5.48
曼彻斯特（Manchester）	12.13	11.76	1.25	4.30	4.79
莫尔文（Malvern）	0.67	2.33	3.38	0.38	1.07

资料来源：Napier Shaw, John Switzer Owens, *The Smoke Problem of Great Cities*, London：Constable & Company Ltd, 1925, p. 91.

由上表可知，1915—1916 年伦敦市的污染颗粒沉淀物排放量在某些方面已逼近当时的工业重城奥尔德姆，与工业化城市谢菲尔德的污染颗粒沉淀物排放量几乎相当，而与曼彻斯特相比，上表各项的排放量已大大超越曼彻斯特；当然，非工业化城市莫尔文的污染颗粒沉淀物排放量与伦敦更无法相提并论。[2]

伦敦燃煤量增加的另一个主要原因是人口增速过快。1851 年，大伦敦地区有 268.5 万人，1901 年，已上升到 658.6 万人，1961 年达到 818.3 万人。[3] 因此，伦敦室内煤炭使用量的增速是英国任何其他城市都无法比拟

① Eric Ashby, Mary Anderson, *The Politics of Clean Air*, Oxford：Clarendon Press, 1981, p. 89.

② Napier Shaw, John Switzer Owens, *The Smoke Problem of Great Cities*, London：Constable & Company Ltd, 1925, p. 91.

③ B. R. Mitchell, *British Historical Statistics*, Cambridge：Cambridge University Press, 1988, p. 25.

的。当时，煤烟减排协会（Coal Smoke Abatement Society）的主席 H. A. 德辅（H. A. DexVoeux）曾描述威灵顿公爵家的房子排放出的煤烟量如同一座工厂的烟尘排放量，实际上一些工厂并不比威灵顿公爵家的房子释放的煤烟量大。[①] 当时，伦敦居民几乎每家都在使用燃煤取暖、做饭。1900 年，伦敦市几乎每个家庭均有燃煤炉；两次世界大战期间，许多新房子里装有燃煤炉，在 20 世纪 50 年代初，25% 的家庭仍然使用燃煤炉做饭。1948 年的时候，伦敦 98% 的客厅仍然有一个敞炉，或者连带一个家用热水炉或一个烤炉。由此可见，随着伦敦人口越来越集中，煤炭质量的下降以及居民燃煤需求量日益增大，越来越多的有毒气体被排放在空气中，导致伦敦城市空气污染越来越严重。

最能说明伦敦空气污染严重的仍然是大雾出现的频次和程度。1870 年之后，伦敦大雾的年平均天数不少于 50 天，其中 1886—1890 年期间这一数据竟高达 74.2 天。[②] 进入 20 世纪后，伴随着伦敦燃煤量的增加，大雾也一直是伦敦市民司空见惯的现象。在第二次世界大战期间，伦敦雾出现的频次以及能见度均令人咋舌。我们可以通过下表中关于 1941—1946 年的大雾统计来感受。

表4　　　　　　1941 年到 1946 年期间伦敦大雾统计

强度	12 月	1 月	11 月	10 月	3 月	2 月
能见度为零	10	19	9	13	3	1
一级能见度	50	30	36	18	14	11
二级能见度	110	52	46	54	37	25
三级能见度	236	229	208	156	168	134
总共	406	330	299	241	222	171
观察次数	1488	1488	1440	1488	1488	1352

资料来源：W. A. L. Marshall, *A Century of London Weather*, London：Her Majesty's Stationary Office, 1952, p. 46.

① B. W. Clapp, *An Environmental History of Britain：since the Industrial Revolution*, London：Longman, 1994, pp. 17, 18.

② J. H. Brazell, *London Weather*, London：Her Majesty's Stationery Office, 1968, p. 103.

由上表可知，在1941—1946年通过约1448次（其中11月、2月的观察次数分别为1440、1352次）的观察，发现能见度为零的大雾在1月份发生的次数最多，为19次，10月次之是13次，12月为10次；一级能见度、二级能见度以及三级能见度大雾频繁出现的月份是在12月和1月，其次是11月、10月、3月和2月。从1941年到1946年经历了6个相同的月份，总共约有186天，我们从上表看到，几乎12月、1月、11月、10月、3月以及2月几乎每天都有雾发生，特别是12月，每天几乎有两次以上的雾发生，11月每天接近两次雾。频繁出现能见度极低的大雾，对人们的生活带来了极大的不便。

当然，大量煤烟形成的浓雾给人们带来的威胁远不止上述这些。浓雾不仅波及附近环境、破坏建筑物以及给人们带来不便，更有甚者，大雾成为一种灾难，导致大量人员伤病甚至死亡。

1873年一场浓雾过后，伦敦的死亡率迅速升高。12月初，发生一场伦敦大雾。大雾前的一周，伦敦死亡率为23‰，而在接下来伦敦雾盛行的一周中，死亡率上升到27‰，而当伦敦雾结束后的一周，死亡率则上升到38‰；与此同时，死于肺结核以及呼吸系统疾病的人数分别为520人、764人和1112人。[1] 1880年1月底2月初的大雾导致死亡人数比大雾前一周增加了692人。[2] 1891伦敦雾致患支气管炎病人死亡的人数比前一周上升了572人。[3] 这种致命的大雾在20世纪达到高峰。1948年伦敦在大雾前一周死于支气管炎的人数为73人，大雾发生周死亡人数为148人。大伦敦地区在1952年12月5日持续到12月8日的大雾及随后的两周时间内，估计有

---

[1] James G. Wakley, ed. , "The Fog in London," *The Lancet*, Vol. 1, No. 3, Jan. 1874, London: published by John James Croft, at the office of "The Lancet", 1874, p. 28.

[2] 彼得·索尔谢姆认为1880年伦敦大雾死亡人数比前一年同一时间增加了3000多人，参见 Peter Thorsheim, *Inventing Pollution: Coal, Smoke, and Culture in Britain since 1800*, Athens: Ohio University Press, 2006, p. 28。

[3] National Society for Clean Air, *Clean Air Year Book, 1968–1969*, London: National Society for Clean Air, 1969, p. 37.

4000 人死亡。在一周之内死于支气管炎和肺炎的人数各增加了 8 倍和 3 倍。① 据统计数据显示，仅死于支气管炎的病人人数从 121 人上升到 872 人，死于心脏病和循环系统疾病的人数从 318 人上升到 801 人。② 1956 年大伦敦地区死于 1 月 4 日—1 月 6 日的大雾导致伦敦的死亡人数为 400 多人，整个 1956 年伦敦死于支气管肺炎的人数达到 5334 人。③ 1962 年 12 月 3 日到 7 日的伦敦和其他地区的大雾与 1952 年大雾类似，但是相比 1952 年死亡 4000 人而言，1962 年死亡人数仅增加了 750 人。由此可见，进入 20 世纪后，特别在 20 世纪初到 20 世纪 50 年代中期，伦敦的大雾致人死亡率空前增高。究其原因，与燃煤使用量的增加和燃煤的质量密切相关。

如果说 19 世纪之前，英国环境已经存在一定污染的话，那么，进入 19 世纪以后，空气污染的程度则越来越严重，并且在 20 世纪 50 年代达到顶峰。正如上文所述，19 世纪之前，人们将英国环境问题的出现归罪于手工作坊大量使用燃煤。然而，手工作坊的燃煤使用量与工厂机械化时期的燃煤使用量相比则是小巫见大巫。1750 年英国整个工业的燃煤消费量仅约为 200 万吨，1913 年上升到 1.3 亿吨。④ 1949 年英国工业消费煤炭量达到 1.989 亿吨，1959 年仍高达 1.924 亿吨。⑤ 通过比较上述数据我们可以认定，英国环境污染的元凶是工厂与居民家庭的大量燃煤。手工作坊时期，是工业污染的初期阶段，人们一方面质疑工业燃煤污染，另一方面无法得到确切的证明。而 19 世纪中期以来的燃煤污染则是无处不在。它构成的工业浓雾从形、色、味已不同于之前出现的大雾。大雾不仅污染附近的环

① W. P. D. Logan, "Mortality in the London Fog incident, 1952", *The Lancet*, Feb. 14, 1953, pp. 336 – 338.

② National Society for Clean Air, *Clean Air Year Book, 1968 – 1969*, London: National Society for Clean Air, 1969, p. 37.

③ Great Britain, London County Council, *Report of the County Medical Officer of Health and Principal School Medical Officer for the Year 1956*, London: London County Council, 1957, p. 11.

④ Roy Church, Alan Hall and John Kanefsky, *The History of the British Coal Industry*, Vol. 3, *1830 – 1913: Victorian Pre – eminence*, Oxford: Clarendon Press, 1986, p. 19.

⑤ William Ashworth, Mark Pegg, *The History of the British Coal Industry*, Vol. 5, *1946 – 1982: The Nationalized Industry*, Oxford: Clarendon Press, 1986, pp. 672 – 675.

境、建筑，而且大雾时期大规模的人员死亡均令人惊悚。然而，仅仅工厂燃煤并不是英国唯一的污染源，家庭燃煤特别是20世纪伦敦的家庭燃煤对伦敦环境污染的"贡献"亦不可忽视。

由此可见，英国烟雾的发展史实际上就是一部英国工业帝国的建立史。它伴随英国近代工业化的步伐出现，是英国由传统的木材燃料转向能源型燃煤的历史性产物。然而，英国在长达几百年的燃煤历史中，烟雾为何会一直困扰着人们的生活？英国社会是如何应付这种越来越致命的烟雾的？他们采取了哪些措施清除了飘荡在英国上空长达几百年的煤烟的？英国治理煤烟的历史中有哪些成功之处可为我们借鉴？从他们治理煤烟的历史中我们应该吸取哪些失败的教训？笔者正是带着这样的疑惑走进了英国煤烟污染治理历史这一课题的。然而，对一段长达几百年历史的全面考察，对笔者的能力也提出了极大的挑战。如果选择面面俱到，一方面非笔者能力所及；另一方面，则难免会显得杂乱无章。考虑到研究的精、准、深，笔者打算围绕英国燃煤治理历史中出现的重大的历史节点、人物、事件展开研究，以期获得预期的研究目标。这些重大的历史节点、人物和事件不仅影响着英国燃煤历史的发展，而且也对英国发展走向产生了深远的影响。因此，本书选择这样的一些目标作为考察对象更有助于我们探寻或触及英国燃煤污染治理史的本意，也将更有力地回答我们提出的各种问题。

二　研究状况

（一）国内研究状况

自21世纪以来，国内学者开始将关注的目光投向英国燃煤污染的论题，目前，已出现多篇关于英国煤炭污染和煤烟污染问题的学术论文及专著。国内学者对这一论题的研究主要集中在以下几个方面。

1. 对某一时段的煤烟污染的探究

陆伟芳在《19世纪英国人对伦敦烟雾的认知与态度探析》[①] 一文中主

---

① 陆伟芳：《19世纪英国人对伦敦烟雾的认知与态度探析》，《世界历史》2016年第6期。

要介绍了英国人在 19 世纪的不同阶段对伦敦雾的不同看法。

余志乔、陆伟芳在《现代大伦敦的空气污染成因与治理——基于生态城市视野的历史考察》[①] 一文中主要介绍了当前伦敦空气污染的各种成因以及伦敦市采取治理的各种手段。

高麦爱在《英国煤炭工业转型研究（1979—1992）》[②] 一书中，对 20 世纪英国煤炭对煤矿工人造成的污染以及政府治理手段进行探究，同时，也对 20 世纪中期以来的英国政府对煤烟污染的治理进行了介绍。

高麦爱在《试析撒切尔时期英国煤炭工业收缩中的环境因素》[③] 一文中主要分析了促使撒切尔时期英国煤炭工业转型的原因之一便是国际环境主义的兴起与欧盟环境政策的统一要求所致。

2. 对英国煤炭污染的某一事件或某一群体的研究

刘向阳在《20 世纪中期英国空气污染治理的内在张力分析——环境、政治与利益博弈》[④] 一文中论述了 20 世纪 50 年代英国政府治理空气污染的措施引发的国内各阶层的争议，反映出英国在治理污染过程中存在各种利益冲突。中国学者高家伟对欧洲环境法的源起、发展、原则、实施以及欧洲环境的政策以及权、责关系进行了研究，并对欧洲环境法分门别类地进行了详细介绍[⑤]。蔡守秋主编的《欧盟环境政策法律研究》一书从多层面、多角度研究了欧盟与环境有关的组织机构、政策和行动规划以及欧盟环境法的体系、原则、内容、特点，特别对欧共体内部的空气污染、水污染、核污染等方面的法规制定和演变发展分门别类地进行了叙述[⑥]。

---

① 余志乔、陆伟芳：《现代大伦敦的空气污染成因与治理——基于生态城市视野的历史考察》，《城市观察》2012 年第 6 期。

② 高麦爱：《英国煤炭工业转型研究（1979—1992）》，科学出版社 2019 年版。

③ 高麦爱：《试析撒切尔时期英国煤炭工业收缩中的环境因素》，《淮阴师范学院学报》2011 年第 6 期。

④ 刘向阳：《20 世纪中期英国空气污染治理的内在张力分析——环境、政治与利益博弈》，《史林》2010 年第 3 期。

⑤ 高家伟：《欧洲环境法》，工商出版社 2000 年版。

⑥ 蔡守秋主编：《欧盟环境政策法律研究》，武汉大学出版社 2002 年版。

高麦爱在《煤矿工人尘肺病与英国福利国家政策》① 一文中探究了20世纪英国煤矿工人尘肺病的增加与英国推行的福利制度之间的关系，指出福利制度推行的充分就业政策对矿工尘肺病起到了推波助澜的作用。

3. 对英国煤烟污染史的梳理

高麦爱在《燃煤使用与伦敦雾形成的历史渊源探析》② 一文中主要对伦敦烟雾形成的历史原因分阶段介绍。

4. 对西方国家空气污染治理的探究

陆伟芳等人在《西方国家如何治理空气污染》③ 一文中主要对西方各国的空气污染治理手段进行探讨。

陆伟芳在《20世纪初英国煤烟减排立法初探》④ 一文中对20世纪初英国政府采取立法手段治理工业煤烟的情况进行探讨。

综上所述，中国学者对英国煤烟污染治理历史的研究呈现出以下特征：（1）中国学者更多地关注对某一时段的煤烟污染的探究；（2）以某一城市、某一群体或某一事件为个案的探究；（3）对英国煤烟污染过程及治理的探究有所触及，但是尚缺乏系统深入地研究。本书则通过长时段历史视角，纵深地剖析英国社会在几百年的煤烟治理过程中呈现出的重要事件、重要人物以及英国各种群体应对煤烟污染时所采取的主要措施，分析这些人物的思想、群体的知识、集团的目的以及他们各自采取的措施对英国煤烟治理产生的效果和影响，以期获得有益于治理我国环境问题的启示，并从英国长达几百年的煤烟污染治理的失败经验中吸取教训。

（二）国外研究状况

1. 对英国燃煤污染史的综合研究

史学家彼得·布林布尔科姆在其著作《大烟雾：一部中世纪时期以来

---

① 高麦爱：《煤矿工人尘肺病与英国福利国家政策》，《南京大学学报》2011年第6期。
② 高麦爱：《燃煤使用与伦敦雾形成的历史渊源探析》，《史学集刊》2018年第5期。
③ 陆伟芳、肖晓丹等人：《西方国家如何治理空气污染》，《史学理论研究》2018年第5期。
④ 陆伟芳：《20世纪初英国煤烟减排立法初探》，《华东师范大学学报》2019年第5期。

的伦敦空气污染历史》① 一书中用长时段历史视角考察了中世纪以来的伦敦空气污染过程，指出英国伦敦的大气污染早在中世纪时期就已出现，在各个时期，大气污染的源头并不相同，而煤烟则是在 17 世纪开始成为大气污染的主要因素，只是随着工业化革命的进行，人们开始逐渐意识到这种污染的存在，并开始采取了一系列较曲折的治理煤烟的措施。

彼得·索尔谢姆在《发明污染：工业革命以来的煤烟与文化》② 一书对当时人们争议的介绍最为权威：19 世纪前 75 年的时间里，许多英国人把空气污染界定为来自自然界腐烂植物、动物尸体和粪便产生的瘴气，直到 19 世纪末的时候，很多人才开始将煤烟视为环境污染的标志；当时，关于煤烟的来源英国社会存在着工厂烟和家庭烟之争的观点；作者在介绍这些观点时指出，维多利亚时代的英国空气中，工业释放大量煤烟的同时，来自家庭的煤烟占有相当大的比例，这种情况一直延续到 20 世纪 50 年代后期。

B. W. 克兰普（B. W. Clapp）在《一部英国环境历史：自工业革命以来》③ 一书中以较简短的篇幅论述了从 19 世纪后期开始来自英国家庭和工厂的煤烟导致空气污染越来越严重，然而，英国社会与英国政府似乎仅仅在 1952 年伦敦大雾发生之后才开始对"伦敦雾"的形成有了进一步的认识。

巴巴拉·弗里兹（Barbara Freese）在《黑石头的爱与恨：煤的故事》④ 一书中主要对全球煤炭工业的发展以及对人类的贡献进行了介绍，其中对英国煤烟污染情况也有提及。

---

① Peter Brimblecombe, *The Big Smoke*：*A History of air pollution in London since Medieval Times*, London and New York：Routledge, 1987.

② Peter Thorsheim, *Inventing Pollution*：*Coal*，*Smoke*，*and Culture in Britain since 1800*, Athens：Ohio University Press, 2006.

③ B. W. Clapp, *An Environmental History of Britain*：*Since the Industrial Revolution*, London：Longman, 1994.

④ ［英］巴巴拉·弗里兹著，时娜译：《黑石头的爱与恨：煤的故事》，中信出版集团 2017 年版。

迈克尔·阿勒比（Michael Allaby）《雾、烟雾和毒雨》[①] 一书分析全球工业化以来人类活动对环境产生的影响，他主要通过自然界中的雾以及烟雾和毒雨之间的关系分析燃煤对环境造成的主要的损害，并且以英国曼彻斯特等地在工业化过程中产生的污染情况为例分析上述问题。

2. 对主要人物、事件的研究

（1）对威廉·劳德（William Laud）的研究

威廉·达格代尔（William Dugdale）主要从圣保罗教堂的筹建入手，指出国王查理一世认为圣保罗教堂是他统治疆域中最美的纪念碑和最突出的建筑，也是伦敦城最重要的点缀物，因此，打算重建该教堂，而威廉·劳德则是查理一世在此事件中的得力助手[②]。塞缪尔·罗森·加迪勒认为威廉·劳德作为伦敦主教期间已经是国王的精神顾问，他追求宗教仪式的同一与国王追求英格兰与苏格兰的统一相吻合，而清教徒则追求信仰的统一[③]。针对上述观点，W. J. 蒂夫（W. J. Tighe）主要通过劳德主教与他人的几封信件分析了劳德主教在任坎特伯雷大主教期间实际上追求统一教会的目的[④]。E. R. 阿代尔（E. R. Adair）主要从劳德主教的性情、他对工作的态度以及对英国教会的虔诚度等方面对他进行了全面的评价，他认为劳德不屈不挠地为他认为正确的事业付出劳动，非常忙碌，也非常疲倦，但是他却很少将这种状况写信告诉他的朋友；当然，他也很少有知心朋友，因为他总是一个非常孤独的人；他很少对自己阶级和教会以外的人抱有同情心；他也表现出了宽容的一面，但是仅仅在那些似乎对他不怎么重要的事务上体现出来；他在很多重要的政治事务中扮演了很重要的角色，但是

---

① Michael Allaby, *Fog, Smog, and Poisoned Rain*, New York: Facts on File, Inc., 2003.

② William Dugdale, *The History of Saint Paul's Cathedral in London, From its Foundation: Extracted out of Original Charters, Records, Leiger - Books, and Other Manuscripts*, London: Printed for Lackington, Hughes, Harding, Mavor, And Jones, Finsbury Square, and Longman, Hurst, Rees, Orme, And Brown, 1818, pp. 103 - 105.

③ Samuel Rawson Gardiner, *The First Two Stuarts and the Puritan Revolution, 1603 - 1660*, New York: Charles Schribner's Sons, 1911, pp. 78, 82, 137.

④ W. J. Tighe, "William Laud and the Reunion of the Churches: Some Evidence from 1637 and 1638", *The Historical Journal*, Vol. 30, No. 3, Sep. 1987, pp. 717 - 727.

他却很少懂得在这些事务中使用技巧；他作为造诣极深的牛津学者努力反对大量的敌人，努力创造一个有序的、拥有虔诚良俗的世界；他毕生都在尽一切可能地保持主教的神圣权力，也尽可能非常投入地为英国教会服务；他对自己的信仰极度忠诚，并且追求一个永久统一的包容一切的宗教①。

基思·L. 斯普伦格（Keith L. Sprunger）则主要考察了威廉·劳德反对清教徒的起源及过程，他认为威廉·劳德早在1628年时已经非常反感荷兰的清教运动，当他成为伦敦主教和坎特伯雷大主教时，他反对清教徒的思想更加强烈了②。威廉·G. 帕尔墨（William G. Palmer）认为劳德主教的死亡原因非常清晰，即因为改革宗教教义招致杀头，但是对他的处决仍然存在疑团。他认为处决劳德主教是苏格兰人、英格兰议会成员和军方三种力量相互斗争与妥协的结果，绝不是他犯有叛国罪③。彼得·黑林（Peter Heylyn）在《圣公会黑皮书》一书中提出对詹姆斯一世的反烟政策有推动作用的是一位叫作亨利·费雷（Henry Farley）的人，而不是威廉·劳德；至于查理一世的反烟政策的形成原因主要在于国王对绝对君主制的追求反映在宗教领域即为修建代表王权荣耀而又被煤烟侵蚀且年久失修的圣保罗大教堂方面，而威廉·劳德主教在两位斯图亚特王朝国王主政下仅仅作为伦敦主教，后来成为坎特伯雷大主教的身份积极地执行了国王的政策，在此过程中劳德仅仅是被国王任命促成修建事宜的几十位委员会成员之一④。但是，彼得·布林布尔科姆认为劳德主教可能是詹姆斯一世晚期对伦敦空气质量较关注的人物之一，主教主要通过非常严肃的反烟态度和

---

① E. R. Adair, "Laud and the Church of England", *Church History*, Vol. 5, No. 2, Jun. 1936, pp. 121 – 140.

② Keith L. Sprunger, "Archbishop Laud's Campaign against Puritanism at the Hague", *Church History*, Vol. 44, No. 3, Sep. 1975, pp. 308 – 320.

③ William G. Palmer, "Invitation to a Beheading: Factions in Parliament, the Scots, and the Execution of Archbishop William Laud in 1645", *Historical Magazine of the Protestant Episcopal Church* Vol. 52, No. 1, March 1983, pp. 17 – 27.

④ Peter Heylyn, *Cypria nus anglicus, or, The History of the Life and Death of the Most Reverend and Renowned Prelate William*, by Divine Providence Lord Archbishop of Canterbury, London: A Seile, 1668, pp. 218 – 222.

极严厉的责罚手段引起了包括酿酒商在内的人们的痛恨，并成为他被送上断头台的罪证之一①。威廉·M. 卡维特（William M. Carvet）则通过考察斯图亚特王朝时期政府治理煤烟的出发点，指出詹姆斯一世后期以及整个查理一世时期政府治理伦敦烟的主要目的是通过重振英格兰教会的核心地位以试图建立绝对王权，从这个意义上他批驳了彼得·布林布尔科姆关于劳德主教在17世纪30年代作为英国反烟措施的发起者的说法，进而指出劳德主教仅仅是一位帮助执行国王本人制定既定政策的枢密院成员②。

（2）关于肯内尔姆·迪格比的研究

史学界关于迪格比的评价，最早可以从与他一起研究的学者中看到，其中，约翰·伊维林与迪格比曾经在很长时间内是学术领域的朋友，伊维林关于煤烟治理的观点或多或少与迪格比有关，然而，伊维林却在自己的日记中评价迪格比为"彻头彻尾的江湖骗子"③。

彼得·布林布尔科姆认为迪格比主要从物理实验的角度试图解释煤烟带有强烈的易挥发物质造成了空气污染，而这种被污染的气体主要损害了人体的呼吸器官——肺，导致伦敦居民因肺疾病死亡的人数占相当大的比例④。克里斯蒂娜·科顿也认为迪格比的原子论对当时的环境主义学者具有一定的影响⑤。

塞斯·洛比斯（Seth Lobis）则主要从道德哲学出发考察迪格比的自然哲学⑥。不仅如此，洛比斯在《同情的美德：十七世纪英格兰的巫术、哲

---

① Peter Brimblecombe, *The Big Smoke: A History of Air Pollution in London Since Medieval Times*, London and New York: Routledge, 1987, pp. 40 – 42.

② William M Cavert, *The Smoke of London: Energy and Environment in the Early Modern City*, Cambridge: Cambridge University Press, 2016, pp. 45 – 59.

③ William Bray ed. , *Diary and Correspondence of John Evelyn. F. R. S.* , *Vol. 1*, London: Henry Colburn & Co. , Publishers, 1857, p. 272.

④ Peter Brimblecombe, *The Big Smoke: A History of Air Pollution in London Since Medieval Times*, London and New York: Routledge, 1987, p. 47.

⑤ ［英］克里斯蒂娜·科顿著, 张春晓译:《伦敦雾：一部演变史》, 中信出版集团 2017 年版, 第 3 页。

⑥ Seth Lobis, "Sir Kenelm Digby and the Power of Sympathy", *Huntington Library Quarterly*, Vol. 74, No. 2, June 2011, pp. 243 – 260.

学和文学》一书中通过探究 17 世纪的巫术、哲学和文学的交集，提出这
一时期同情是语言学、哲学、神学和政治学争论的中心部分；同情的两个
理念——宇宙中神秘的交流和人与人之间的共同感受处在关键转变时期；
迪格比所著《同情粉剂的论述》中提供了一种同情治疗行为的机械论，其
中表述为病人与被施用的一种康复伤口的药膏和药粉相隔较远的空间距离
而被治疗；迪格比根据物质的运动分析这种远距离的医药治疗原理，并试
图获得一种更合理、更普遍的规律，这是关于同情的一种机械化的观点，
这种远距离的治疗很显然经常失败；迪格比声称同情是自然界的一个基本
原则；然而在一个同情世界观更广泛的范围中同情治疗的地位相应地衰落
了，自然哲学家们越来越强调通过实验加强理念，尽管宏观层面没有得到
同情，但是它仍然是人类自然属性的潜在原则；迪格比将人类同情看作是
对理性的一种威胁，强调理性自我约束的必要性；作者通过设定迪格比的
禁欲主义的道德哲学反对托马斯·布朗在宗教医治中的施舍，这种观点表
达了人类的一种更加积极的同情性观点。①

汉·托马斯·阿德里安森（Han Thomas Adriaenssen）和桑德·德·保
尔（Sander de Boer）就迪格比在其 1644 年的两篇论文中提出"在自然哲
学中形式概念毫无地位，而在形而上哲学领域它是绝对不可或缺的"，形
而上的观点在迪格比的思想中扮演了很重要的角色；形式概念对他长期的
实体识别而言是核心的；但是迪格比把形式概念从自然哲学的范畴中移除
出去了，从而避开了笛卡尔式批判形式概念标准；阿德里安森和保尔指出
迪格比关于原子脱离构建它外形的实体的方式仍然有待讨论②。

劳伦斯·M. 普林塞普（Lawrence M. Principe）主要通过新发现的贮藏
在斯特拉斯堡大学图书馆的肯内尔姆·迪格比的手稿入手，分析了当时巴
黎学术界存在的各种现象：迪格比非常重视炼金术，并且当时炼金术在很

---

① 5 Seth Lobis, *The Virtue of Sympathy: Magic, Philosophy, and Literature in Seventeenth - Century England*, New Haven, CT and London: Yale University Press, 2015.

② Han Thomas Adriaenssen, Sander de Boer, "Between Atoms and Forms Natural Philosophy and Metaphysics in Kenelm Digby", *Journal of the History of Philosophy*, Vol. 57, No. 1, 2019, pp. 57 - 80.

长时间内相当普遍；迪格比的这些手稿几乎完全与金属变化有关。大约一半的材料由以前的作者所写炼金术论文构成（大多数未被发表）——许多与炼金师诺伊尔·皮卡德（Noël Picard）有关，此人于 1637 年被处决。迪格比为了获得最好的文本曾仔细地比较了变体读数。另一半手稿包含约瑟夫·杜·彻斯内（Joseph Du Chesne）、塞缪尔·考特鲁·杜科罗斯（Samuel Cottereau Duclos）和其他人已丢失的笔记手稿，也包括实验报告和由一系列合作者操作的程序以及由迪格比本人操作的程序记录。最重要的是，这些手稿证明了一个重要的炼金师的圈子——迪格比是这个圈子里的成员之一；17 世纪 50—60 年代他在巴黎期间曾非常活跃地参加这个圈子的活动。这个圈子的成员交易手稿和信息，并且合作一系列炼金项目；17 世纪中叶，巴黎的一些炼金师也参与其他较著名的科学组织[1]。

乔伊·莫什斯卡（Joe Moshenska）主要通过描述迪格比早期的生活与经历，分析他因为父亲的遭遇而内心受到极大的影响，加之婚姻问题导致他余生处在阴影当中；与此同时，查理一世继位之后，英国亦处在内外交困的境地，政治舞台充满阴霾，也自然地对迪格比产生了较大的影响[2]。莫什斯卡的这种看法在他的另一篇文章中也可以看出[3]。

维恩德姆·迈尔斯（Wyndham Miles）对迪格比的人品与著述均给予较高的评价：认为迪格比是一位忠诚的朝臣、学识渊博的科学家、炼金士、见多识广的旅行家和冒险家；迈尔斯对迪格比的原子论进行简单介绍，认为迪格比继承了亚里士多德关于四因的学说，并在此基础上给予自己独到的见解——一个实体由大量的元素构成；实体首次分裂成稀薄和稠密的实体，区分仅仅通过拥有或多或少的实体的量，引力和这两种实体的结合产生另外两种形式的结合物：每一个这种实体也是双重属性的；第一

---

① Lawrence M. Principe, *Sir Kenelm Digby and His Alchemical Circle in* 1650s *Paris: Newly Discovered Manuscript*, London: Society for the History of Alchemy and Chemistry, 2013.

② Joe Moshenska, *A Stain in the Blood: The Remarkable Voyage of Sir Kenelm Digby: Pirate and Poet, Courtier and Cook, King's Servant and Traitor's Son*, London: William Heinemann, 2016.

③ Joe Moshenska, "Sir Kenelm Digby's Interruptions: Piracy and Lived Romance in the 1620s", *Studies in Philology*, Vol. 113, No. 2, Spring 2016, pp. 424 – 483.

种，是关于稀薄；产生一个相当热和适度干燥的实体，另一个实体的属性极度潮湿和适度热；第二种是关于稠密；一个相当寒冷，但是适度潮湿，另一个相当干燥且适度寒冷。这些结合物构成火、空气、水和土；迈尔斯对迪格比关于原子属性的化学实验也做了一定的介绍①。

安德鲁·凯皮斯（Anderew Kippis）、约瑟夫·塔沃尔斯（Joseph Towers）等人认为尽管肯内尔姆·迪格比是一位拥有非凡天赋才能的人，并且拥有相当渊博的学识，但是他并不能称得上是一位出色的哲学家；因为他的观念存在幻想性，并且很大程度上让人难以置信；除此之外，这些哲学观点的真实性也被人质疑；要让所有人相信他关于同情粉的观点并不是一件容易的事情；尽管迪格比声称他曾亲自通过实验验证了这种不易挥发的盐会变形，但是让人相信这件事则依然有很大的困难；总之，他们对迪格比的坦率态度非常敬佩，但是他们认为迪格比的哲学观点有点异想天开，并无确凿证据，并且声称，如果不是迪格比的追随者对他的追捧，迪格比并不是一位哲学家②。这种观点得到迪格比的传记作家的回应，他认为迪格比在我们这个时代来看，他在许多学科中是一位非专业的涉猎者，而非大家对他所认可的诸多学科领域的科学家③。

安东尼奥·克莱里库齐奥（Antonio Clericuzio）认为迪格比是 17 世纪中叶英格兰最具影响的自然哲学家，他倡导微粒子哲学，并推动了化学的发展；他所著《同情粉剂》得以世纪流传就是最好的证据；他所写《两篇

① Wyndham Miles, "Sir Kenelm Digby, Alchemist, Scholar, Coutier, and Man of Adventure", *Chymia*, Vol. 2, Mar. 1949, pp. 119 – 128.

② Anderew Kippis, Joseph Towers etc., *Biographia Britannica: Lives Most Eminent Persons – Who Have Flourished in Great – Britain and Ireland, From the Earliest Ages, to the Present Times: Collectd from the Best Authorities, Printed and Manuscript, and Digested in the Manner of Mr. Bayle's Historical and Critical Dictionary. These Condedition with Corrections, Enlargements, and the Addition of New Lives*, Vol. V., London: Printed by John Nichols, For T. Longman, B. Law, H. Baldwin, C. Dilly, G. G. and J. Robinson, J. Nichols, H. Gardner, W. Ottridge, F. and C. Rivington, A. Strahan, J. Murray, T. Evans, S. Hayes, J. D. E. B. Rett, T. Payne, W. Lowndes, J. Scatcherd, Darton and Harvey, and J. Taylor, 1793, p. 197.

③ Thomas Longueville, *The Life of Sir Kenelm Digby*, London, New York, Bombay: Longmans, Green, and Co., 1896, p. 296.

论文》主要阐述灵魂不死的观点①。

由上可知，史学界对肯内尔姆·迪格比的研究主要集中在他本人的经历，或对他的哲学思想的肯定与否定，仅有的几位学者对他的煤烟思想给予关注，但均一笔带过。

（3）关于约翰·伊维林的研究

彼得·索尔谢姆（Peter Thorsheim）在其著作《发明污染：工业革命以来的煤、烟与文化》一书中高度肯定了伊维林抨击煤烟污染的态度，称他是当时英国煤烟污染研究领域的一位极少数对煤烟污染有敏锐洞察力的人物②。当然，也有一些学者不同意上述看法。马克·杰勒（Mark Jenner）指出伊维林并不是第一位认识到伦敦烟有害的人物，实际上，伊维林加入了当时人们关于烟是否对健康有害的争论中，他被迫反对皇家内科医学院关于烟无害的观点；而针对彼得·布林布尔科姆（P. Brimblecombe）将伊维林看作环境理想主义者的观点③，杰勒则又认为伊维林关于环境的思想应该被归入环境主义历史起源的争论中，是自发地产生的观点，并且指出伊维林的《驱逐烟气》的小册子中忽视了知识分子和政治环境，他认为伊维林通过使用建筑学甚至气象学比喻所写的伦敦烟可被看作是过渡时期政治混乱的暗喻和阻止这种混乱事件再发生的建议，以及对新政体的赞美；伊维林提出在伦敦市种植各种花香四溢的植物象征着人们追随悠久的基督教传统——重建伊甸园，进一步赞扬君主制的重建；作者认为《驱逐烟气》不该被看作是唯一的促进现代反烟释放法令的一个声音，应该将它放在与其他17世纪中期对空气感兴趣的事例当中；关于净化空气的措施，杰勒进一步指出，伊维林关于通过发展园艺净化空气有益于人们身心健康的内容的观点是他直接挪用了他的朋友——著名的园艺学家约翰·比伊尔

① Antonio Clericuzio, *Elements, Principles and Corpuscles: A Study of Atomism and Chemistry in the Seventeenth Century*, Dordrecht, Boston, London: Kluwer Academic Publisher, 2000, p. 81.

② Peter Thorsheim, *Inventing Pollution: Coal, Smoke, and Culture in Britain since 1800*, Athens: Ohio University Press, 2006, p. 17.

③ Peter Brimblecombe, *The big mioke: A history of air pollution in London since medieval times*, London and New York: Routledge, 1987, pp. 50 – 51.

(John Beale) 的观点①。巴巴拉·弗里兹 (Barbara Freese) 在其著作《黑石头的爱与恨：煤的故事》一书中，详细地介绍了约翰·伊维林《防烟》一书的主要观点，字里行间透露出对伊维林敏锐的洞察力的赞赏，但是作者也同样指出，受时代所限，伊维林以及同时代其他的环境主义者均无法改变燃煤导致的污染②。然而，威廉·M. 卡文特 (William M. Cavert) 则指出，尽管伊维林在《治理煤烟》一书中呈现出的观点没有立即实现，实际上他的治烟思想对当时的国王以及伦敦大火之后的城市规划均产生了直接影响，并且对英国随后的煤烟治理具有建设性意义③。

（4）关于烟囱清扫的研究

学界主要研究烟囱清扫者的情况，烟囱清扫者的职业传承的积极社会功能。乔治·L. 费利普斯 (George L. Phillips) 主要考察了欧美各国民众普遍认为如果他们见到烟囱清扫者，则会有好运降临其身；在英国亦如此，人们在新年时节看到烟囱清扫者，则会有一年的好运降临其身；如果新娘在婚礼举行当天能"偶遇"烟囱清扫者，则她会享有一生的幸福婚姻生活；英国社会中每个人无论在哪里见到烟囱清扫者，都会向他抛飞吻以获得运气；因此，英国民众从王室到平民均会在婚礼当天安排各种"偶遇"烟囱清扫者的桥段以祈求婚姻幸福美满④。

社会力量介入改善清扫烟囱的爬攀小男孩。乔治·L. 费利普斯 (George L. Philips) 的另外一篇文章主要通过综述的形式记录了英格兰公谊会改善悲惨爬攀烟囱的小男孩境况的历史：从 1806 年到 1842 年，可能更长的一段时间，公谊会积极地致力于试图改善烟囱清扫者师傅的那些无助的儿童学徒工的境况；他们通过写诗、文章、新闻稿以及宣传册等方式

---

① Mark Jenner, "The politics of London air: John Evelyn's Fumifugium' and the Restoration", *The Historical Journal*, Vol. 38, No. 3, 1995, pp. 535 –551.

② ［美］巴巴拉·弗里兹著, 时娜译:《黑石头的爱与恨：煤的故事》, 中信出版集团 2017 年版, 第 38—42 页.

③ William M Cavert, *The Smoke of London: Energy and Environment in the Early Modern City*, Cambridge: Cambridge University Press, 2016.

④ George L. Phillips, "Toss a Kiss to the Sweep for Luck", *The Journal of American Folklore*, Vol. 64, No. 252, Apr. – Jun. 1951, pp. 191 –196.

唤醒公众反对派遣五岁大的孩子爬攀漆黑的、充满煤烟的烟道；他们出版小册子宣传孩子们的遭遇。[①]

现代化学手段分析烟囱清扫者的高危工作环境。尤·克内希特（U Knecht）和尤·保尔姆—奥道夫（U Bolm - Audorff）等人通过对不同燃料排放的烟气中化学物质的抽样调查后得出石油和两种固体燃料排放出的气体中均含有几种致癌化学物质，并且他对普洛特（Plott）的调查进行反驳，普洛特的调查结果是一位焦炭厂工作的烟囱清扫工，如果一年在烟囱中110天并且有25年工龄，它可能会遭受肺癌的频率为0.06%；这种结果其实只是针对一种致癌气体进行模式调查，实际的情况要比这种模式设定的气体复杂得多，言外之意，烟囱清扫工得肺癌的概率和工作时长都可能比普洛特的调查结果严峻得多[②]。

关于废除雇用烟囱爬攀小男孩的过程。乔治·L. 费利普斯认为烟囱清扫者的出现源自燃煤的使用和烟囱的建造，而在16世纪和17世纪时，英格兰和其他欧洲国家的清扫烟囱的情况一样，都是由成年人站在又大又黑的烟囱中用白桦树枝制成的扫帚系在长杆子上或通过梯子爬到特别高耸的烟囱中，并且使用短柄刷子扫落烟囱上的煤烟积尘；17世纪后期出现了烟囱清扫学徒；这些孩子年龄过小，常常没有像样的衣服，住在地下室，睡在装煤烟的袋子上，凌晨三四点钟起床，境遇非常悲惨，直到1803年开始鼓励机械化作业以代替人工清扫并且改善爬攀小男孩的境况；1818年提出禁止雇用爬攀小男孩。但是，这一提法因为上院的阻挠而长期无法实现。因为，上院的贵族不愿意改装他们家的烟囱结构，所以这一行业雇用小孩子的情况仍然存在；除此之外，烟囱清扫师傅们自然不愿意放弃雇用孩子，因此各种因素，导致议会法案在此事件中令行禁不止，直到1875年全不列颠的法案明确规定为烟囱清扫者颁发营业证，并彻查雇用小孩子的情

① George L. Philips, "Quakers and Chimney Sweeps", *Bulletin of Friends Historical Association*, Vol. 36, No. 1, Spring 1947, pp. 12 - 18.

② U Knecht, U Bolm - Audorff, H - J Woitowitz, "Atmospheric Concentrations of Polycyclic Aromatic Hydrocarbons during Chimney Sweeping", *British Journal of Industrial Medicine*, Vol. 46, No. 7, Jul. 1989, pp. 479 - 482.

况，这种雇用现象才杜绝①。

朱迪斯·贝雷·斯莱格尔（Judith Bailey Slagle）认为在烟囱清扫法令的实际历史中社会活动家的文学作品推动了法令的执行：诗人和社会活动家詹姆斯·蒙哥马利（James Montgomery）（1771—1854）在 18 世纪末 19 世纪初写了大量的诗歌，其中反对烟囱清扫爬攀儿童的悲惨境况的诗最为闻名；查理·兰伯（Charles Lamb）《赞美烟囱清扫者》《医生》等作品大力描述了这类人群；查理·狄更斯（Charles Dickens）在《奥利弗·崔斯特》中描述了烟囱清扫行业的恐怖情况；阿兰·卡宁姆（Allan Cunningham）、W. B. 克拉克（W. B. Clarke）、约翰·荷兰（John Holland）、安·吉尔伯特（Ann Gilbert）以及亨利·尼尔（Henry Neele）等人均通过自己的笔触为这些烟囱爬攀小男孩呐喊，尽管文学家的作品对这类人群的悲惨状况的改善只带来非常小的变化，但是至少暗示了社会对他们的遭遇的关注②。

烟囱爬攀小男孩存在的原因。乔治·L. 费利普斯（George L. Philips）主要考察 1750—1850 年期间爬攀小男孩被雇用的主要目的是清扫并收集煤烟，尽管一些人性化的协会和仁慈家早就开始呼吁社会关注这类小男孩的悲惨处境，但是在 19 世纪 20 年代英国的绝大多数家庭的管家仍然对这些孩子的处境毫无怜悯之心，他们认为他们家的烟囱必须被清扫，即使孩子们受伤流血也必须去清扫，直到 1840 年法案宣布雇用爬攀小男孩是非法的，即使如此，在伦敦之外的其他地方仍然习惯于使用小男孩清扫烟囱；他们爬攀到烟囱的最高处，扫掉煤烟，并将它们收集起来背回师傅家，在烟囱清扫师傅将煤烟出售给中间商或农民之前，小男孩需要将煤烟再筛选一遍；煤烟在当时被英国许多地方的农民认为富含氮物质而被作为农作物的肥料，也把它当作杀虫剂，因此，许多郡的农民均会到伦敦城购买煤

---

① George L. Phillips, "The Abolition of Climbing Boys", *The American Journal of Economics and Sociology*, Vol. 9, No. 4, Jul. 1950, pp. 445–462.

② Judith Bailey Slagle, "Literary Activism: James Montgomery, Joanna Baillie, and the Plight of Britain's Chimney Sweeps", *Studies in Romanticism*, Vol. 51, No. 1, Spring 2012, pp. 59–76.

烟；煤烟也被误认为牙齿洁净剂①。

解救烟囱爬攀儿童。G. 奥尔（G. Orr）通过人道主义情怀描述了烟囱爬攀儿童们的辛苦，并且试图通过引入机械化作业来解放这些比奴隶还要悲惨的儿童②。全面关注烟囱清扫儿童命运发展历程。肯尼斯·E. 卡朋特（Kenneth E. Carpenter）主编的《1727—1850 年不列颠劳工奋斗：当代宣传册》中主要收编了 18 世纪 20 年代以来社会各界对烟囱爬攀儿童的关注以及围绕这一问题进行的争论，进一步推动烟囱清扫工作业的现代化以及推动议会立法以保障这群弱势群体的报告、议案、法案和各界人士的争论以及宣传册等内容，较完整地再现了英国民众对弱势群体的关注过程与英国烟囱清扫现代化的过程③。

（5）关于泰勒法案的研究

布林布尔科姆认为该法案几乎对伦敦的空气污染没有产生什么影响。④埃里克·阿什比和玛丽·安迪生（Eric Ashby and Mary Anderson）认为泰勒的法案从一诞生便失去了它的威力，原因是该法案之所以在议会中通过，主要是法案条款中豁免了某些部门的蒸汽机熔炉，即使在煤矿的蒸汽机熔炉也不在法律约束的范围内；政府对洁净空气的政策采取一种谨慎的措施，因此，那些被洁净空气政策威胁相关利益的群体没有受到任何影响。⑤

与布林布尔科姆和埃里克等人观点不同的是春日步加（Ayuka Kasuga），他认为尽管泰勒的法案实际上没有降低烟垃圾，但是它的社会影响

---

① George L. Phillips, "Sweep for the Soot O! 1750 – 1850", *The Economic History Review New Series*, Vol. 1, No. 2, Mar. 1949, pp. 151 – 154.

② G. Orr, *A Treatise on A Mathematical and Mechanical Invention for Chimney Sweeping with A Disquisition on the Different Forms of Chimnes, and Shewing How to cure Smoky ones*, London: Printed by D. N. Shury, 1803.

③ Kenneth E. Carpenter, *British Labour Struggles: Contemporary Pamphlets 1727 – 1850*, New York: Arno Press, 1972.

④ Peter Brimblecome, *The Big Smoke: A History of AIr Pollution in London Since Medieval Times*, Oxon, NewYork: Routlege, 2011, p. 101.

⑤ Eric Ashby and Mary Anderson, *The Politics of Clean Air*, Oxford: Clarendon Press, 1981, p. 7.

却不容忽视：泰勒的法案在约克郡影响极大，引起了全国性的烟减排运动；法案也鼓励了制造商装置烟减排设备；法案改变了人们关于伦敦烟的看法；鼓励了包括诺森伯兰公爵等人拿起法律武器反对煤烟的数十起案子。[1]

由此可见，西方历史学家通过长时段考察 20 世纪前英国煤烟污染的著作中要么注重污染本身、要么注重文化特征，对一些重要的人物、事件以及他们在历史进程中的作用进行简单的评介，显得系统有余，尚欠深度。而西方学者对这一问题的某一事件或某一方面的短时段研究，则又显得过于侧重这一时段的问题解决或事件介绍，又缺乏系统性。

综上所述，就国内外目前对英国燃煤污染治理历史的研究，无论是长时段还是某一特定时段的研究，均没有从煤烟治理的角度去研究，也缺乏系统而深入的研究成果。笔者试图将英国煤烟污染治理放入一个长时段的历史时空，从 17 世纪初到 19 世纪末的历史进程中选择各个时段的一些重要人物、重要事件和重要群体，考察他们在英国煤烟治理进程中的作用以及产生的影响，以揭示影响英国煤烟污染治理的诸因素，并为我国燃煤与环境关系的协作发展提供一定的借鉴，并从英国煤烟治理的失败经验中吸取一定的教训。

三 研究内容与研究方法

自从英国进入远洋贸易开始，其国内的经济结构受到极大的冲击。羊毛贸易市场的扩大加快了英国燃料结构的改变。大批林地受利润吸引变为牧场。于是曾被英国民众嫌弃的煤炭登堂入室，成为工业和家庭的唯一燃料。与此同时，英国也进入了燃煤污染的工业化时期。英国的燃煤历史始于中世纪，而英国民众普遍使用燃煤是从 17 世纪开始的。因此，本书考察的时间跨度是从 17 世纪开始直到 19 世纪末。

---

[1] Ayuka Kasuga, *Views of smoke in England，1800 - 1830*, PhD thesis, University of Notting-ham, 2013, http：//eprints. nottingham. ac. uk/13991/1/Thesis_ final_ draft_ after_ viva_ for_ on-line. pdf.

本书从时间上分为两个时段。第一时段主要通过考察 17 世纪英国针对手工作坊煤烟污染治理的三位重要人物，威廉·劳德（William Laud）、肯内尔姆·迪格比（Kenelm Digby）和约翰·伊维林（John Evelyn）面对工场作坊煤烟污染，采取治理污染的措施和提出的理论认识，旨在探究在煤烟污染的初始阶段英国煤烟治理的特征和影响，进而分析这一时期影响英国煤烟污染治理的因素和深层次的原因。第一章主要分析坎特伯雷大主教威廉·劳德治理伦敦手工作坊煤烟的原因、过程，以及治理煤烟失败的原因，指出劳德大主教治理煤烟的意图，除了酿酒坊释放的煤烟对环境造成较大的影响惹恼了大主教招致罚款外，最主要的原因是为维修代表王权至尊形象的圣保罗教堂筹措资金。然而，劳德的罚款数额过于庞大招致议会不满。在随后的议会与国王争夺权力的过程中，议会以此事为由将劳德推上了断头台。劳德治理煤烟的举措也就不了了之。第二章主要考察劳德的学生肯内尔姆·迪格比对煤烟的研究与煤烟治理的建议，指出迪格比通过已知的炼金术和他对原子学的理解试图解释煤烟的属性和其构成，尽管迪格比对煤烟的猜想非常接近其本源，然而，他并没有提出更好地解决煤烟的办法。第三章主要分析英国复辟王朝时期约翰·伊维林提出治理手工作坊煤烟的方案和原因，指出伊维林试图借助王权力量达到治理手工作坊煤烟的目的最终失败了，但是伊维林建立工业生产区和居民生活区的思想却成为英国几个世纪后治理煤烟的主要方案。

　　第二时段主要考察 18、19 世纪英国进入全民燃煤与蒸汽机燃煤的时代，社会民众、知识分子和议会精英采取的治理煤烟的措施以及这些措施产生的效果。第一章主要考察英国民众试图通过建立烟囱将煤烟排出他们的生活范围，但是，随着蒸汽时代的到来，煤烟越来越影响人们的生活环境和身体健康，修建高烟囱成为英国民众减排煤烟污染的唯一有效方案，尽管如此，英国城乡的工业煤烟与居民燃煤释放的煤烟量越来越大，烟囱根本无法将煤烟带离他们的生活范围。第二章主要考察蒸汽机被广泛应用于英国生产生活的各个方面后，产生越来越多的煤烟，导致议员迈克·安吉罗·泰勒（Michael Angelo Taylor）、爱尔兰商人查理·怀·威廉斯（Charles

Wye Williams)、苏格兰的机车工程师丹尼尔·金尼尔·克拉克（Daniel Kinnear Clark）等人相继在蒸汽机减排煤烟的技术领域展开研究与推广，进一步指出由于英国秉持自由放任主义的治国理念，蒸汽机的煤烟并没有受到法律的约束，蒸汽机释放煤烟的问题也没有得到有效的解决。解决工厂煤烟排放问题的任务被推到了 20 世纪。

本书以历史学的研究方法为主，以相关的法学、哲学、社会学、环境学、化学以及物理学的基本原理和方法为辅。上述其他学科的研究方法，在不同章节各有侧重，如在第二篇三章兼用法学方法；第一篇第二章主要介绍迪格比的原子论时兼用哲学、环境学等方法；而在第二篇第一章、第三章则使用了社会学、环境学等方法；在第二篇第二章、第三章中均辅助使用化学、物理学以及环境学的研究方法。

四　史料使用情况

本书作者在写作过程中，查阅了大量的政府文件、当事人的信件和著作，也查阅了现代人的大量研究成果。这些史料主要有 17 世纪到 19 世纪末英国政府文件，如《英国议会下院 1640 年至 1642 年期间的日志》（Great Britain House of Commons, *Journals of the House of Commons: From April the 13th 1640, In the Sixteenth Year of the Reign of King Charles the First To the March the 14th 1642, In the Eighteenth Year of the Reign of King Charles the First*）、《英国议会下院 1660 年至 1667 年期间的日志》（Great Britain House of Commons, *Journal of the House of Commons: Volume 8, 1660 – 1667*）、《英国议会下院 1660 年至 1668 年期间英格兰议会史》（Great Britain Parliament, *The Parliamentary History of England, from the Earliest Period to the Year 1803, Vol. Ⅳ, A. D. 1660 – 1668*），这些材料记录了英国议会下院在这一时期关注的重大事件，通过对这些珍贵文献的查阅和使用可以更直观地再现当时英国议会下院在这段历史时期的作用；爱德华·瑞蒙德·特勒编的《17 和 18 世纪的英格兰枢密院》（Edward Raymond Turner ed. *The Privy Council of England in the Seventeenth and Eighteenth Centuries, 1603 –*

1784，*Vol. 2.*），这份材料主要体现了英格兰枢密院在这一时期英国政治领域发生的重大事件中的态度与作用；《1819 年英国议会争议》（Great Britain Parliament，*The Parliamentary Debates from the Year 1803 to the Present Time: Forming a Continuation of the Work Entituled "the Parliamentary History of England from the Earliest Period to the Year 1803"*，*Vol. xxxix*，*Comprising the Period from the Fourteenth Day of January，to the Thirtieth Day of April，1819*，），这份材料主要体现了英国立法中存在的各种争议，以及最终立法被通过的一些具体条件；《1834 年英国议会上院会议记录》（Great Britain Parliament House of Lords，*House of Lords the Sessional Papers 1834*，*Vol. 23*，*Part I*），这份材料主要记录了英国上院在英国议会讨论的具体事务中的领导作用和最终决定权等情况；除此之外，还使用了英国政府的调查报告，如《1862 年英国议会上院日志》（Great Britain Parliamment，House of Lords，*Journal of the House of Lords*，*1862*，*Vol. xciv*）、《1873 年煤炭特别委员会调查报告》（Great Britain Parliament，House of Commons，*Report from the Select Committee on Coal*）、《1878 年皇家有毒汽体委员会调查报告》（Noxious Vapours Commission，*Report of the Royal Commission on Noxious Vapours*）等，这些政府工作报告主要反映了英国政府面对当时国内空气污染严重的情况采取的措施，各个时期的调查报告对当时政府采取进一步立法等烟煤治理措施提供了主要的依据；本书还使用了一些当事人信件，如《坎特伯雷大主教威廉·劳德的信件》（James Bliss ed.，*The Works of the Most Reverend Father in God，William Laud，D. D.，Sometime Lord Archbishop of Canterbury，Vol. vii，Letters*），这些信件反映了当事人在面临这些重大事件时的真实态度与想法，对我们还原历史事件的真实面貌起到了相当重要的作用；本书还使用了一些当事人的日记，如《约翰·伊维林日记》（William Bray ed.，*The Diary of John Evelyn*）、肯内尔姆·迪格比的《查理一世国王的密友肯内尔姆·迪格比先生的私人备忘录》（Kenelme Digby，*Private Memoirs of Sir Kenelm Digy，Gentleman of the Bedchamber to King Charles the First*），当事人的著作，如威廉·劳德所著《上帝最虔诚信徒的

著作》（William Laud, *The Works Most Reverend Father in God*, Vol. IV, *History of Troubles and Trial*, &. ）、《大主教劳德每年初呈送给国王关于他辖区的年度帐目》（*Arch - Bishop Laud's Annual Accounts of His Province*, *Presented to the King in the Beginning of Every Year: With the King's Apostills; Or, Marginal Notes: Transcribed and Published from the Originals. Together with the King's Instructions to the Arch - Bishops Abbot and Laud, Upon which These Accounts were formed: and the Last Account of Arch - bishop Abbot to the King Concerning his Province*）、威廉·劳德的《上帝最虔诚和最受祝福的信徒的困境和审判史》（William Laud, *The History of the Troubles and Trial of the the Most Reverend Father in God and Blessed Martyr*）、蒸汽机最初的发明者托马斯·萨维利的专著《矿工的朋友：或者，一个用炉子烧水的发动机》（*The Miner's Friend: Or, an Engine To Raise Water By Fire*）、爱尔兰商人查理·怀·威廉斯的著作《从化学和实际角度考虑煤的燃烧和防烟》（*The Combustion of Coal and The Prevention of Smoke Chemically and Practically Considered*）、苏格兰火车机车工程师丹尼尔·金尼尔·克拉克的著作《铁路机械：铁路机械工程论著：包括轧钢和固定设备的原理和结构》（*Railway Machinery: A Treatise on the Mechanical Engineering of Railways: Embracing The Principles and Construction of Rolling and Fixed Plant*）等文件，通过对这些信件及发明家的专著的查阅，更好地了解他们的思想以及他们在某一领域的贡献；本书还使用了几百年来学界关于英国煤烟污染史的大量研究资料与著作，在此将不一一列举，所用材料会以注释形式展现在书中。

这些研究资料和著作成为作者研究不可或缺的材料。它们详细而真实地展现了英国煤烟污染以及治理的一些方面。与此同时，本书作者又在翻阅这些作品时认识到它们要么只介绍其中一个小问题，要么过于宏观，将各种重要的历史节点、历史事件和历史人物简略概括或评价，使这些关键性因素在整个事件的发展中没有凸显出它们的作用，也使作品过于平面化。为了对英国煤烟问题进行更加深入地分析与研究，同时又不失体系，本书作者选取了影响英国煤烟污染治理历程的重要人物、重要的事物、重大的历史事件、推动煤烟治理的重要群体采取的措施和社会团体的活动来剖析各个阶段人们治理煤烟的过程、结果及影响，以更加深入地探究影响英国煤烟污染治理的根本因素和核心问题，从而为我们治理环境问题提供一定的参考与借鉴。

英国燃煤污染史时间跨度长达几百年，本书将研究的时间范围框定在17世纪到19世纪末，之所以选择这一时间段，主要考虑英国民众普遍使用燃煤是从17世纪开始，到19世纪末，煤烟污染达到顶峰。而英国煤烟污染涉及的范围跨度也非常广泛，既包括大气污染、又包括土壤、河流、建筑等领域的污染，当然也包括煤烟对人类及其他生物的健康造成的威胁。本书主要探讨英国煤烟污染空气后英国社会采取的主要措施以及这些措施产生的影响。因此，有许多英国煤烟治理的其他具体内容，仍然需要读者查阅有关英国煤烟污染史的著作。另外，本书中作者所选取的这些人物、事件、具体的措施等研究对象均在英国煤烟治理中影响较大，当然，20世纪英国煤烟污染治理史没有包括在本书研究范围内，而会在后续出版的著作中进行专门研究。另外，还有一些元素没有呈现在本书中，主要原因在于作者在资料收集时的遗漏，仅在论述中一笔带过，这些原因，请各位学者同仁谅解。

17 世纪英国治理手工业作坊的煤烟

　　本篇旨在考察 17 世纪英国手工业和城市居民普遍使用煤烟后对环境产生的影响以及当时人们对煤烟的认知、采取的措施，以及这些认知与措施产生的影响。而选择通过威廉·劳德主教、肯内尔姆·迪格比以及伊维林针对手工业工场释放的煤烟采取的措施和思想认知作为考察对象，一方面主要因为他们在一定程度上代表了 17 世纪不同时段英国社会治理煤烟污染的措施和认知，另一方面，这三位人物之间治理煤烟的思想具有传承的特点。威廉·劳德任牛津大学校长期间，肯内尔姆·迪格比曾就读于牛津大学，并且因为迪格比聪慧过人而深得劳德格外照顾。迪格比毕业之后，他们之间一直来往密切，就连迪格比在法国改信天主教一事，他也通过密信方式告知时任坎特伯雷大主教的劳德，而劳德对此竟也守口如瓶，他们之间的亲密关系可想而知。当劳德因煤烟治理措施失当而被推上断头台后，迪格比也受到牵连而不得不赴法国居住。在此期间，迪格比开始关注英国的煤烟问题并提出具体的思想与解决方案，从某种意义上为劳德的行为平反。而保王党人约翰·伊维林随后也受到英国内战的影响赴法国旅行。在法国期间，他与迪格比来往密切，并经常与他讨论关于伦敦煤烟的问题。斯图亚特王朝复辟后，伊维林迫切地提出他在煤烟方面的治理方案，其主要内容在一定程度上继承了劳德的思想，又受到迪格比原子论思想的影响提出种植鲜花以冲淡煤烟的影响等措施，当然，伊维林治理煤烟的方案更加具体，更加注重可操作性。他们之间的这种关系与煤烟治理的措施、思想与方案具有一定的传承性，同时又具有时代烙印，这符合历史研究对象选取的要求。

本篇第一章旨在考察煤炭污染初期英国社会对手工业作坊煤烟污染的认知水平、当时人们治理煤烟污染的动机、采取的措施以及产生的结果，这种措施产生的影响，并分析英国燃煤污染持续存在的根本原因。

本篇第二章旨在考察肯内尔姆·迪格比对煤烟的认知思想，进而分析这种认知思想体现的价值所在、迪格比解决煤烟污染的方案是否可行等。

本篇第三章旨在考察约翰·伊维林提出煤烟污染治理的方案，分析其提出此方案的动机、方案产生的实际效果，以及方案对英国煤烟污染治理的影响。

第一章　威廉·劳德治理煤烟的意图

英国社会自进入 17 世纪以来，发生了巨大的变化。这一时期，英国已通过各种努力成功地挤进西欧诸国开辟的远洋贸易圈中。这对英国国内的商品生产与商业贸易产生了巨大的冲击。一批渔民率先在远洋航海与殖民地建立中发迹。当然还有船运、羊毛贸易、燃料贸易、商品生产等领域率先出现了一批致富的群体。当时，这些人对英国的政治走向产生了较大的影响。最主要的表现便是王权的衰落与议会权力的扩大。这种权力更替影响了当时的政治局势，也体现在当时的煤烟治理事务中。

16 世纪后期，英国国内燃料市场木材逐渐缺乏，人们不得不接受曾被视为肮脏的煤炭。而随着伦敦人口的增加，伦敦燃料市场对燃煤的需求量更大。16 世纪中期，进入泰晤士港的煤炭每年约为 1 万—1.5 万吨，到 1581 年上升到 2.7 万吨，到 1580 年代后期，则达到 5 万吨，1591 年时超过 6.8 万吨；1605 年时翻了一番达到 14.4 万吨，而到 1637 年时超过 28.3 万吨[1]。自从伦敦居民使用燃煤以来，煤烟问题便相应而生[2]。早期，英国对煤烟的处理，历届王室均以各种公告、法令以及罚款等手段禁止燃煤者释放煤烟：如，1306 年，英国王室通过公告（Royal Proclamation）禁止工匠使用煤炭，并且依法处决了一位违反者，第二年，王室对首次违反禁令的燃煤工匠处以罚金，对二次违反者毁掉其熔炉；1578 年，伦敦的一家酿

---

[1]　William M Cavert, *The Smoke of London：Energy and Environment in the Early Modern City*, Cambridge：Cambridge University Press, 2016, p.24.

[2]　关于这一时期伦敦燃煤量的变化，参见高麦爱《燃煤使用与伦敦雾形成的历史渊源》，《史学集刊》2018 年第 5 期。

酒公司释放出的烟味惹恼了伊丽莎白女王，酿酒公司保证在威斯敏斯特宫附近放弃使用煤炭①。当时，这些公告、法令或罚款的手段在一定程度上达到了王室禁烟防烟的效果。从伊丽莎白一世开始，对煤烟深恶痛绝的主要是以国王为首的一批贵族或保王党人士。他们的观念或措施到17世纪20年代时，受到议会下院的质疑。1623年的一部议案禁止国王宫廷或威尔士王子经常入住的任何房子一英里内的酿酒商使用煤炭②。当代表议会上院通过这部议案时，最终受到下院的抵制。这表明伦敦煤炭市场的规模日益扩大，亦表明伦敦城与燃煤相关的行业力量已开始壮大。因此，任何针对燃煤征税的措施，自然会引起与燃煤相关的各利益集团的抵制。最明显的事例，便是坎特伯雷大主教威廉·劳德（William Laud）被推上断头台一案。

因此，本章将主要通过考察查理一世时期坎特伯雷大主教威廉·劳德治理煤烟的过程以及结果进而分析17世纪上半叶坎特伯雷大主教治理煤烟的初衷，进而分析17世纪上半叶劳德大主教治理煤烟失败的真实原因。

威廉·劳德（William Laud，1573–1645）曾任牛津大学校长、皇家牧师、枢密院成员（Privy Councillor）、伦敦主教（Bishop of London）和坎特伯雷大主教（Archbishop of Canterbury）。他如此显赫，最后竟被革命者以叛国罪推上断头台，而处死他的缘由中有一条竟然是：他惩罚释放煤烟的酿酒作坊。治理煤烟为什么引起众怒？英国学者认为，查理一世追求绝对君主制，劳德积极执行国王的各项政策，尽管他学问深厚，信仰虔诚，但是他性格孤僻，一意孤行，引起群体的痛恨③；但是，英国学者同情劳德的笔调使人看不清真相。我国学界对劳德治理煤烟污染少有研究。本书主要考察为什么议会下院、神职人员和酿酒商都反对劳德，从而探究劳德治理伦敦煤烟失败的真正原因。

---

① Penny Gilbert ed. , *NSCA Reference Book*, Brighton：National Society for Clean Air, 1988, p. 87.

② John Hatcher, *The History of the British Coal Industry*, *Volume 1：Before 1700：Towards the Age of Coal*, Oxford：Clarendon Press, 1993, p. 439.

③ Peter Brimblecombe, *The Big Smoke：A History of Air Pollution in London Since Medieval Times*, London and New York：Routledge, 1987, pp. 40–42. William M Cavert, *The Smoke of London：Energy and Environment in the Early Modern City*, Cambridge：Cambridge University Press, 2016, pp. 45–59.

第一节 劳德为什么招致议会下院的愤怒

17 世纪上半期，以英国王室为代表的贵族阶层仍然拥有大量的林地，他们感受不到木材燃料的短缺。而伦敦城周围的林地又不断减少，因此，伦敦居民普遍使用煤做饭取暖，导致伦敦城的煤烟污染日趋严重。一些著名的建筑物受到煤烟的玷污和腐蚀，煤烟污染已成为一个明显的社会问题。贵族们认为，燃煤是肮脏的、不洁净的下层人使用的东西。[①] 劳德主张禁止使用煤以清除煤烟污染，成为反对使用燃煤的代表。议会下院更多地代表社会中下阶层，他们坚持使用燃煤，劳德成为他们对立面。禁止使用燃煤带有维护贵族阶层利益的一面，但是，劳德成为众矢之的与他鼎立维护国王权威，维修圣保罗教堂有关。

圣保罗教堂历史悠久，始建于公元 7 世纪初，是英国第二大教堂。它是古罗马奥古斯丁的思想传承者在英国传教时建立的第一个据点，建筑风格及历史底蕴均带有较强烈的天主教色彩，对英国宗教影响深远。该教堂处于伦敦政治中心地带，是王室举行重大宗教仪式的场所，受到历届国王的重视。因此，查理一世力主维修圣保罗教堂带有强化王权至上的意味，劳德是神化君权的支持者，极力配合国王的意愿，而对教堂附近的衰败街区不闻不问，招致议会的不满。伦敦燃烧煤炭的历史可以追溯到 13 世纪[②]。到 17 世纪时，由于外部市场的变化导致英国国内传统的木材燃料极为缺乏，尤其是伦敦，居民不得不用煤炭作为燃料，这导致空气质量发生了较大变化。在 1200 年至 1700 年期间，英国燃煤含硫量达到 2.5%—3%。[③] 在 1125 年至 1525 年的四百年间，伦敦城的空气中二氧化硫的含量一直约为

---

① 关于这一点，彼得·布林布尔科姆在《大雾霾：中世纪以来的伦敦空气污染史》一书中已有叙述 Peter Brimblecombe, *The Big Smoke: A History of Air Pollution in London Since Medieval Times*, London and New York: Routledge, 1987, pp. 30, 34.

② 吴洋、卜风贤：《19 世纪以来伦敦和曼彻斯特雾霾的治理》，《经济社会史评论》2019 年第 3 期。

③ Peter Brimblecombe, "London Air Pollution, 1500 – 1900", *Atmospheric Environment*, Vol. 11, issue 12, 1977, pp. 1157 – 1162.

每立方米 5—7 微克；到 16 世纪后期，二氧化硫含量增加了 3—4 倍，此后，伦敦空气中二氧化硫含量总是以倍数增加。[①] 排放的含硫煤烟严重地腐蚀着建筑物，圣保罗教堂是其中之一。

煤烟对圣保罗教堂的污染引起上层人士的关注。詹姆斯一世认为，圣保罗教堂被污染和被腐蚀是一件非常丢脸面的事情，这种污染正在腐蚀英国非常珍贵且非常古老的虔诚殿堂，这对大臣们也是一种玷污和耻辱。[②] 当时有位叫亨利·法雷（Henry Farley）的人热心关注该教堂受腐蚀的状况，他多次向国王请愿，要求预防煤烟及维修圣保罗教堂。这些热衷者不断鼓噪，詹姆斯一世最终决定采取措施。[③] 1620 年，国王成立皇家专门调查委员会负责调查这座英国最主要的标志性建筑，结果显示，该教堂正在遭受煤烟侵蚀。根据这些报告，詹姆斯一世做出维修教堂的意见，但是，一年后，詹姆斯一世去世，维修工作没有启动。[④]

查理一世即位后，英国一位主教乔治·蒙泰因（George Mountaine）捐出巨额资金，从波特兰（Portland）运来大量石头，为维修圣保罗教堂做准备。[⑤] 劳德是英国教会的高级教职人员，对维护教会的圣洁形象义不容辞。他大力支持查理一世维修和美化该教堂的计划。1631 年 4 月，查理一

---

① Peter Brimblecombe, "Millennium – long damage to building materials in London", *Science of the Total Environment*, Vol. 407, issue 4, 2009, pp. 1354 – 1361.

② William Dugdale, *The History of Saint Paul's Cathedral in London, From its Foundation: Extracted out of Original Charters, Records, Leiger – Books, and Other Manuscripts*, London: Printed for Lackington, Hughes, Harding, Mavor, And Jones, Finsbury Square, and Longman, Hurst, Rees, Orme, And Brown, 1818, p. 101.

③ William Dugdale, *The History of Saint Paul's Cathedral in London, From its Foundation: Extracted out of Original Charters, Records, Leiger – Books, and Other Manuscripts*, London: Printed for Lackington, Hughes, Harding, Mavor, And Jones, Finsbury Square, and Longman, Hurst, Rees, Orme, And Brown, 1818, p. 102.

④ William Dugdale, *The History of Saint Paul's Cathedral in London, From its Foundation: Extracted out of Original Charters, Records, Leiger – Books, and Other Manuscripts*, London: Printed for Lackington, Hughes, Harding, Mavor, And Jones, Finsbury Square, and Longman, Hurst, Rees, Orme, And Brown, 1818, pp. 102 – 103.

⑤ William Dugdale, *The History of Saint Paul's Cathedral in London, From its Foundation: Extracted out of Original Charters, Records, Leiger – Books, and Other Manuscripts*, London: Printed for Lackington, Hughes, Harding, Mavor, And Jones, Finsbury Square, and Longman, Hurst, Rees, Orme, And Brown, 1818, p. 103.

世成立了修缮圣保罗教堂的委员会，启动了这座大教堂的维修工程。教堂修缮伊始，国王特别规定，要求身为伦敦主教的威廉·劳德捐出年俸中的一百英镑支持该项工程。[①] 劳德率先执行国王的规定，其带头作用不容忽视。事实上，当时英国受煤烟腐蚀的建筑不仅是圣保罗教堂。圣格雷戈里教堂与圣保罗教堂相邻，由于年久失修，查理一世及大臣们认为有损圣保罗教堂的庄严形象而下令拆除。[②] 为了维修圣保罗教堂，除了拆除圣格雷戈里教堂外，政府还通过补偿将一些民宅和商铺夷为平地。[③] 圣格雷戈里教堂对附近的居民而言，既有历史文化传承的因素，也是他们与上帝沟通的场所，因此，他们对国王的这种行为心怀不满。清教徒极力反对维修具有天主教风格的圣保罗教堂，而劳德还在英国推行烦琐的、具有一定天主教性质的教仪。1635 年 1 月 2 日，时任坎特伯雷大主教的劳德在给查理一世的工作报告中明确表示：某些地区的教民受不良思想的影响，难以教化，他本人下定决心，致力于教化民众思想符合国王的正统教义。[④] 因此，劳德在民众心目中是试图在英国恢复天主教势力的代表，也是执行查理一世政策的忠实走狗。

革命发生后，王党力量败北。1642 年 9 月，长期议会两院决定中止圣保罗教堂的维修计划，教堂的地基被毁掉。1643 年，议会下令，推倒该教堂墓地中著名的十字架。1645 年，议会又通过法案没收了这座教堂的院长和主教们的房屋和收入，以及为维修这座教堂准备的所有金钱、货物和材

① William Dugdale, *The History of Saint Paul's Cathedral in London, From its Foundation: Extracted out of Original Charters, Records, Leiger – Books, and Other Manuscripts*, London: Printed for Lackington, Hughes, Harding, Mavor, And Jones, Finsbury Square, and Longman, Hurst, Rees, Orme, And Brown, 1818, p. 104.

② William Dugdale, *The History of Saint Paul's Cathedral in London, From its Foundation: Extracted out of Original Charters, Records, Leiger – Books, and Other Manuscripts*, London: Printed for Lackington, Hughes, Harding, Mavor, And Jones, Finsbury Square, and Longman, Hurst, Rees, Orme, And Brown, 1818, pp. 109 – 110.

③ ［英］大卫·休谟著，刘仲敬译：《英国史 V：斯图亚特王朝》，吉林出版集团有限责任公司 2013 年版，第 190 页。

④ James Bliss ed., *The Works of the Most Reverend Father in God, William Laud, D. D., Sometime Lord Archbishop of Canterbury*, Vol. V, *History of the Troubles and Trial, &c.*, Oxford: John Henry Parker, 1854, p. 331.

料。1645 年 8 月上议院命令，修复这座教堂的部分剩余材料交付给圣格雷戈里的教区居民，用于重建格雷戈里教堂。[①]

如果说，劳德积极维修圣保罗教堂没有任何积极意义而受人指责，那么，他治理煤烟是营造一种更清洁的居住环境，应该无可挑剔，为什么也遭人诟病呢？

17 世纪之前，伦敦城以及其他城镇的部分手工行业已使用燃煤。燃煤释放出的气味难闻，普通民众与特权阶层一样，对此深恶痛绝。因此，减少或杜绝煤烟排放是必须要做的事情，居民与国王同样受益。王室以各种公告、法令以及罚款等手段禁止煤烟释放。早在 1306 年，王室通过公告（Royal Proclamation）禁止工匠使用煤炭，并且依法处决了一位违反者。1307 年，王室对首次违反禁令的燃煤工匠处以罚金，对二次违反者，毁掉其熔炉。1578 年，伦敦的一家酿酒公司释放出的煤烟味惹恼了伊丽莎白女王，酿酒公司保证在威斯敏斯特宫殿附近放弃使用煤炭。[②] 这些公告、法令或罚款在一定程度上达到了禁烟效果，然而，到 17 世纪 20 年代时，这些举措受到议会下院的质疑。1623 年，议会上院通过一部议案：在王宫四周一英里内，禁止酿酒商使用煤炭。[③] 这部议案受到下院的抵制。这表明，使用煤炭的行业在伦敦不是少数，任何禁煤措施都会引起相关利益集团的抵制。而劳德又亲自动用司法手段惩罚了两位酿酒作坊主，并迫使其迁离国王宫畿。[④] 这两件事情的影响非同小可，劳德为自己和国王营造洁净的

---

① William Dugdale, *The History of Saint Paul's Cathedral in London, From its Foundation: Extracted out of Original Charters, Records, Leiger - Books, and Other Manuscripts*, London: Printed for Lackington, Hughes, Harding, Mavor, And Jones, Finsbury Square, and Longman, Hurst, Rees, Orme, And Brown, 1818, pp. 109 - 110.

② Penny Gilbert ed. , *NSCA Reference Book*, Brighhton: National Society for Clean Air, 1988, p. 87.

③ John Hatcher, *The History of the British Coal Industry, Volume 1: Before 1700: Towards the Age of Coal*, Oxford: Clarendon Press, 1993, p. 439.

④ Arthur Christopher Benson, *William Laud Sometime Archbishop of Canterbury: A Study*, London: Kegan Paul, Trench, Truben & Co. , 1897, p. 191. James Bliss ed. , *The Works of the Most Reverend Father in God, William Laud, D. D. , Sometime Lord Archbishop of Canterbury, Vol. Ⅳ, History of the Troubles and Trial, &c.* , Oxford: John Henry Parker, 1854, pp. 112 - 113.

空气，不惜使用国家司法力量，强制他人迁徙，触犯了人的自然权利。

威廉·劳德治理煤烟有两个主要目的，一是强调天主教因素在英国国教中的地位，如维修圣保罗教堂；另一目的是加强国王的特权地位，王宫四周不许用煤。而清洁空气夹杂在这两个因素之中，则被人忽略不计。议会剪除天主教力量，削弱国王特权势头不可阻挡，也无法避免。议会根据劳德的身份与行为将其看作天主教势力和国王特权集团的代表，根本没有考虑治理煤烟的长远意义，而劳德也不是从保护环境的角度清除煤烟污染。

第二节　教职人员为什么反对劳德治理煤烟

劳德治理煤烟的主要目的之一是维护宗教的神圣性。他曾在 1637 年说道，现在每一个人应该带着更多的崇敬走进教堂，而不是小炉匠和他的相好在啤酒屋约会。[①] 在劳德看来，圣洁的教堂与煤烟笼罩下的藏污纳秽的啤酒屋有云泥之别。因此，他想通过清除教堂附近以及教堂内部的煤烟保持宗教的神圣性。但是，他的意愿却遭到教职人员的反对，这是为什么呢？

亨利八世及伊丽莎白一世时期没收了大量教会土地，分封给新贵族。如，亨利八世借助离婚案打击天主教会，通过法案规定，国王有权获得原属于神职人员的初果税和什一税[②]；1536 年法案规定，僧侣、教士和修女将每年价值 200 英镑的庄园、土地、物业和遗产捐给国王及其继承人和遗嘱执行人；国王成立了专门委员会，从僧侣那里获取房子的割让权，清点房子的所有财产，专员要向法院提供这些财产的证明，法院最终将房子改为国王使用；拆毁教堂要为国王保留珠宝和装饰品等。一般来说，一切可得到的东西都转换成现金供国王使用；国王清理修道院的过程中，获得

① Godfrey Davies, *The Early Stuarts 1603 - 1660*, Oxford: Clarendon Press, 1959, p. 73.

② G. G. Perry, *A History of the English Church: From the Accession of Henry Viii. To the Silencing of Convocation in the Eighteenth Century*, London: John Murray, Albemarle Street, 1878, p. 86.

200 英镑以下的房屋数量达 376 间，据推测，每年给王室带来约 3.2 万英镑的收入。国王将贵重物品"珠宝、盘子、铅和铃铛等"变卖，从中获得约 10 万英镑的现金。① 一批修道院的神职人员以莫须有的"叛国罪"被处决，绝大多数僧侣不得不离开修道院。修道院的土地要么以礼物的形式转赠给土地贵族，要么以非常低廉的价格出售给贵族和国家重要人物。因此，亨利八世改革教会的结果，不仅体现在英国教会的最高权力转至国王手中，而且将教会长期压榨教民的传统税收转至国王手中。英国贵族也加入打击教会的行列中，瓜分了大量教会土地，而罗马教廷对英国教务无可奈何。

伊丽莎白一世时期，女王又镇压了天主教力量的反弹，其中包括对教会财产的处理。如，伊丽莎白一世时期的第一届议会将教会收入让渡给国王使用，除了初果税和什一税的教会收益交给国王外，女王有权保留她中意的属于教会的任何庄园。伊丽莎白一世没收了宗教基金会的收入，因此导致教会人员陷入长期贫困之中。② 此后，神职人员的收入一落千丈。到 1585 年，9000 名神职人员中，一半以上的人年收入不超过 10 英镑，大多数神职人员的年收入不超过 8 英镑。微薄的收入无法支持年轻牧师接受大学教育，致使这 9000 人中仅不足 4000 人有资格布道，其余人员均被清教徒讽刺为"哑巴"。③

詹姆斯一世统治初期曾通过一项防止教会土地被肆意掠夺的法案，教会法院也在一些案件中通过恢复实物什一税的方式改善个别神职人员的收入，但是，绝大多数神职人员的贫穷状况没有得到根本改善。大多数神职人员的温饱都无法得到基本保障。有位乡村牧师对自己孩子所抱的最高期望是：通过学徒身份谋生。贫困的牧师都想获得富人家用牧师的职位，其实，家用牧师的工资仅比厨师和管家高一点点，而且他们在富人家里的住

---

① G. G. Perry, *A History of the English Church: From the Accession of Henry Viii. To the Silencing of Convocation in the Eighteenth Century*, London: John Murray, Albemarle Street, 1878, pp. 130 – 134.

② G. G. Perry, *A History of the English Church: From the Accession of Henry Viii. To the Silencing of Convocation in the Eighteenth Century*, London: John Murray, Albemarle Street, 1878, p. 263.

③ Godfrey Davies, *The Early Stuarts 1603 – 1660*, Oxford: Clarendon Press, 1959, p. 69.

房紧邻马厩；有时还为获得 10 英镑的年薪而照看几只狗。① 牧师的普遍贫困在斯图亚特王朝早期没有改变。

　　燃料木材比燃煤贵且不如煤耐烧，神职人员如此清贫，当然选择使用燃煤。为了得到经济补助，他们还将教会的房子出租给手工业作坊，以获取租金改善生活。这些显然与劳德建立统一而纯洁的宗教神圣背道而驰。劳德在维护宗教的纯洁性方面不仅以身作则，他还常常惩罚在他看来亵渎教会神圣形象的神职人员。1638 年 10 月 29 日，劳德发现柴郡切斯特（Chester）的教会主持牧师和教堂参事会所在教堂院子，四周除了两边是主持牧师和主教等人员所用的房子以外，第三边的房子变成了一家麦芽酒坊，第四边的房子是·家大众啤酒坊。② 劳德非常恼火。他认为麦芽酒坊和啤酒坊，尤其是后者制造大量的噪音、煤烟以及污秽，有损教堂的神圣。因此，他责令教堂牧师收回出租的教会房子。

　　这座教堂不仅将房屋出租给酿酒商，而且有一位酿酒商还死在了教堂出租屋内。国王得知此事后曾给主持牧师写信，要求禁止闲杂人员入住教会，然而，主持牧师仍然为了 30 英镑将房子租给三位商人。当劳德调查此事时，又发生了酿酒商的妻子死在出租屋的事故。而主持牧师又执意与另一位商人签订租房合约，拒不执行国王的禁令。劳德又一次将这件事报告给国王，国王再次派劳德责令主持牧师服从国王的命令，不得将房子租给外人。③ 在劳德上任坎特伯雷大主教之前，地方牧师屡屡将教堂房屋出租给商业用户，教堂是安静、圣洁之地，这样做显然有辱宗教神圣。尽管劳德的主张和做法是正确的，但是，神职人员生活窘困是实实在在的，他们的抵制情有可原。劳德只注重解决表面问题，无视神职人员的生活问题，因此神职人员也站在他的对立面。

　　① G. G. Perry, *A History of the English Church：From the Accession of Henry Viii. To the Silencing of Convocation in the Eighteenth Century*, London：John Murray, Albemarle Street, 1878, p. 388.

　　② James Bliss ed., *The Works of the Most Reverend Father in God, William Laud, D. D., Some-time Lord Archbishop of Canterbury*, Vol. vii, *Letters*, Oxford：John Henry Parker, 1854, p. 497.

　　③ James Bliss ed., *The Works of the Most Reverend Father in God, William Laud, D. D., Some-time Lord Archbishop of Canterbury*, Vol. vii, *Letters*, Oxford：John Henry Parker, 1854, pp. 497 –498.

神职人员与手工业作坊主一样对劳德的理念与措施极度不满。劳德最终被处死的罪状中有两条：劳德在英国教会和世俗事务上都拥有教皇和暴君的权力；他曾努力颠覆上帝真正的宗教，并引入了天主教迷信和偶像崇拜。① 这两条一方面说明劳德在英国教会事务上具有的权威性，另一方面说明劳德推行的宗教政策极不符合英国当时的宗教状况。对英国神职人员而言，获得一定的收益改善窘境比远离煤烟保持教堂的纯洁性要迫切得多。因此，劳德强制措施既不符合燃料使用的现实，也没有解决神职人员的贫困问题，因此引起大多数神职人员的反对。

第三节　劳德支持国王征税与过度惩罚酿酒商的后果

查理一世即位不久，便将英国带入欧洲三十年战争中。英国连吃败仗，损失巨大，甚至被西班牙赶出地中海。1626 年，查理一世要求议会征税以继续在欧洲的战争。但是，以约翰·伊利奥特（John Eliot）为代表的议员质疑，要求审核国王的财务支出，并且明确拒绝国王的征税要求。议员们最初支持国王参战，无非是想借战争发财。然而，当英国战事不利时，国王要求增加军费却受到议会下院的掣肘。② 当国王陷入财政困境时，劳德大力宣扬国王发动战争和支配军费的权威性。针对议会无视国王的征税要求，他不仅维护国王的权威，而且应用宗教教义的逻辑为国王辩护。劳德声称：一个国家通过教会或国家统一体就可以抵制外敌；而国家统一体的核心就是国王，就该由国王去决断；怀着爱戴之心以国王为主，这是国家的一部分义务与责任；因为国王的权力来自上帝，国王为上帝服务，这是他的责任；他从不会离弃爱戴他的民众，更不会离开他的财富；他不会破坏自己的房子，也不会让嫉妒他房子的人

---

① James Bliss ed., *The Works of the Most Reverend Father in God, William Laud, D. D., Sometime Lord Archbishop of Canterbury*, Vol. Ⅳ, *History of the Troubles and Trial, &c.*, Oxford: John Henry Parker, 1854, p. 197.

② [英] 大卫·休谟著，刘仲敬译：《英国史 V：斯图亚特王朝》，吉林出版集团有限责任公司 2013 年版，第 156—180 页。

破坏它。① 劳德为国王辩护无异于引火烧身，而国王颁布维修圣保罗教堂的命令也在这时。劳德既支持国王征税，又积极响应和配合维修大教堂，他把自己摆在了风口浪尖上。

维修圣保罗教堂需要一笔不菲的维修费。查理一世规定，维修资金来自国王的捐助、教会高级牧师的薪俸、没收无遗嘱去世者的遗产和社会捐助等。劳德主教以教职人员的身份和教会名义积极响应国王的规定。他不仅带头捐献自己薪俸的一部分，而且想方设法筹措维修费用。伦敦商会负责收取社会捐款，记录各种支出。一张维修圣保罗教堂的现金收据单显示：到 1639 年 10 月底，伦敦商会（Charmber of London）收到修复教堂和唱诗班排座的资金达 79043 英镑 18 先令 11 便士；还收到 10295 英镑 5 先令 6 便士修缮教堂西区的费用，这笔资金来自教会征收的一部分罚款，名义上是赠予国王的礼金；还收到了约 150 英镑用以维修教堂尖塔。与上述各项相加，共约 89489 英镑 4 先令 5 便士；除了支出的费用外，还剩 17158 英镑 13 先令 4 便士。从 1631 年到 1643 年伦敦商会共收到 101330 英镑 4 先令 8 便士款项，其中从 1632 年开始到 1640 年（除 1633 年外）国王共捐赠 10971 英镑 15 先令 14 便士，各郡在此期间捐赠了约两万英镑②。从这些资金名目可以看出，国王所捐的维修费用大体上来自教会罚款的一部分。这说明，教会利用自己手中的权力，通过星室法庭大肆惩罚一些违背教规或影响教会事务的民众，以获取巨额罚款。而劳德主教也以司法手段下达巨额罚款。

在大主教劳德的住宅兰贝斯宫（Lambeth）附近有一家啤酒坊，经常释放出大量煤烟。有一天，当劳德与首席检察官在花园散步时，贸然飘进的煤烟使他们的雅兴荡然无存。劳德与首席检察官异常愤怒，对此啤酒坊

---

① Samuel Rawson Gardiner, *A History of England Under the Duke of Buckingham and Charles Ⅰ. 1624 – 1628*, Vol. ii, London: Longmans, Green, and Co., 1875, pp. 4 – 7.

② William Dugdale, *The History of Saint Paul's Cathedral in London, From its Foundation: Extracted out of Original Charters, Records, Leiger – Books, and Other Manuscripts*, London: Printed for Lackington, Hughes, Harding, Mavor, And Jones, Finsbury Square, and Longman, Hurst, Rees, Orme, And Brown, 1818, pp. 108 – 109.

的反感之情溢于言表。之后，劳德谴责啤酒坊释放煤烟，并重罚酒坊主阿诺德（Arnold），罚金高达 1000 英镑！[1]

无独有偶，国王居住的圣詹姆斯宫殿附近也有一家酿酒坊，同样释放出大量肮脏的煤烟。劳德以国王的名义惩罚这家酿酒坊的主人邦德（Bond），理由是啤酒作坊的煤烟污染了查理一世在伦敦城的房子，影响了国王的生活与健康，这是一件非常严重的事情。仁慈的国王没有使邦德先生遭受肉体的痛苦，但是，罚金高达 1000 英镑，并且禁止他使用煤炭酿酒，否则将拆除他的酿酒作坊。这两次罚金都用于修建圣保罗教堂[2]，而且罚金过高。

罚款额度对于普通作坊主而言是一笔异常可观的费用。17 世纪初的英国，普通民众的年收入相当微薄。如 17 世纪早期的一位拥有 30 英亩农场的农民，其年收入和支出情况大致为：一年劳作的收获可获得 42 英镑 10 先令，除去种子、租金、肥料、牛饲料、设备和供应物的利息和折旧费用共计 23 镑 15 先令 9 便士后，实际上每年净利润仅为 14 英镑 9 先令 3 便士。14 英镑多的收入，养活六口之家的支出约为 11 英镑 5 先令。一位小农场主即使在丰年可能仅剩余 3 – 5 英镑。从 1500 年到 1640 年期间，农业工人的日工资从 4 便士增加到 12 便士，建筑工人的日工资从 6 便士增加到 1 先令 5 便士；而 17 世纪早期，酿酒商的收入并不高，即使到 18 世纪 40 年代，经营规模较大的酿酒坊，比如本·杜鲁门（Ben Truman）的酿酒坊，价值也就 23000 英镑。[3] 由此可见，劳德所在的年代，一个六口之家的小农场主每年的花费仅需 11 英镑 5 先令，一个建筑工人年工资不足 24 英镑，由此判断，劳德对两位酿酒坊主罚款 1000 英镑是非常严苛的，危及

① Arthur Christopher Benson, *William Laud Sometime Archbishop of Canterbury: A Study*, London: Kegan Paul, Trench, Truben & Co., 1897, p. 191.

② James Bliss ed., *The Works Most Reverend Father in God, William Laud, D. D. Sometime Lord Archbishop of Canterbury*, Vol. Ⅳ, *History of Troubles and Trial, &.*, Oxford: John Henry Parker, 1854, pp. 112 – 113.

③ Barry Coward, *Social Change and Continiuty in Early Modern England 1550 – 1750*, London and New York: Longman, 1988, pp. 52, 54, 63.

酿酒商的生存。

过度的惩罚，并将罚款用于维修圣保罗教堂，引起酿酒商群体的极度不满。在人们看来，治理煤烟只是一个借口，搜刮钱财筹集维修教堂的费用才是目的。于是，不满的人们向议会请愿，提出维护生命及私有财产权利的申诉。最终，在各种势力共同推动下，劳德受到议会的制裁。

结 语

17世纪上半叶，整个伦敦城释放出的煤烟已经对建筑和周围的环境造成了较大的污染。当时还没有一种有效的办法净化煤烟，而禁止使用燃煤无异于因噎废食。如果重新规划手工作坊与住宅的分布区域则需要时间，也更麻烦。劳德是宗教领袖，不谙世事，只知维护国王的权威，不考虑社会影响，焉有不败之理。煤烟污染到处都是，而国王和劳德只维护自己在意的建筑，其余不闻不问，因此得不到同情和支持。而议会中那些工商业者利益的代表，他们对煤烟根本不在乎。

劳德是查理一世建立绝对君主制的左膀右臂。他治理煤烟的目的在于维护国王的光辉形象，保持宗教神圣，修建圣保罗教堂以彰显上帝的荣耀。然而，这位唯国王命令是从的大主教被推上刑场时，国王却采取了丢卒保帅的做法[①]，令人唏嘘。当英国社会进入大众化参与社会事务的阶段时，查理一世仍然要求社会绝对服从王权。劳德发挥自己高超的学术技巧为特权辩护，他和国王都没有正视商业阶层崛起的趋势，这最终注定劳德治理煤烟失败的结局。

客观地说，治理煤烟污染净化空气是一个漫长的过程。认识煤烟污染、防治污染和人们的经济利益之间，如何权衡，是一个复杂的博弈过程，也是一个艰难的历史进步过程。在社会经济水平整体未能达到成熟阶

---

① 1840年斯坦福伯爵被议会处死，他与劳德以及伦沃斯并称为查理一世时期的三个关键的政治人物。查理一世最后也同意议会处死劳德主教。

段时，任何超前的防治污染的努力都很难取得实质性的成效①。而治理污染只顾及权贵阶层的感受，无视民生、不解决民生问题，这样的治理在任何时代都不得人心。

我们从劳德治理酿酒坊煤烟的措施中又可以看到他影响后世的想法——在伦敦建立一个无烟区。由此可见，当时，酿酒坊是手工作坊燃煤的典型代表。尽管劳德要建立的无烟区主要是为国王以及大贵族专享的区域，但是这种想法却开启了人们在一个除了煤炭外没有其他可替代性燃料的环境下如何最大化净化居住区的尝试。这种想法在伊维林所在的时代显得越来越清晰（本篇第三章的内容）。而真正实现它则是一个漫长的过程。这个过程包含了工业区的东移、富人撤退至郊区以及 20 世纪 50 年代中后期真正法律意义上的无烟区的建立等几百年的缓慢变迁。劳德的学生肯内尔姆·迪格比将从煤烟的属性认知英国煤烟污染并提出相应的措施。本篇第二章将对此做进一步探究。

---

① 参见拙文《王权式微下的约翰·伊维林伦敦城煤烟污染治理探究》，《史学月刊》2022 年第 2 期。

第二章　肯内尔姆·迪格比对
煤烟污染的理性认知

肯内尔姆·迪格比是英国皇家学会最早的成员之一，也是 17 世纪非常著名的哲学家。他出生在英格兰一个古老的家庭中，他的家族曾经在英国王室享有极高的声望。在伊丽莎白一世时期，其家族主要经营火药，也就是说，英格兰的国防密钥掌握在迪格比家族手中。然而，当迪格比年仅 3 岁时，家族的荣耀因其父亲埃弗拉德·迪格比（Everard Digby）参与天主教阴谋爆炸案（Popish Powder Plot）而蒙上了一层阴影，家族地产随着迪格比父亲被处死也被没收了。尽管家道中落，迪格比却在母亲的照顾下受到了良好的教育，加之他本人天资聪颖，16 岁便进入牛津大学深造，他的导师是我们上一章中的主要人物威廉·劳德。由于迪格比聪颖好学，很快成为一名深受导师青睐、出类拔萃的学生。他的一生充满传奇，也折射出英国社会群体的时代特征：在迪格比 25 岁时，他独自带兵成为一名海盗，沿地中海闯荡一直到达中东地区，一边打仗一边进行科学研究。他回国后因导师威廉·劳德大主教的叛国罪而受到议会下院的威胁不得不离开英国；之后在法国主要潜心研究化学、哲学、物理学等学科，在此期间，他"秘密地"改信天主教，并因此在克伦威尔时期受到重用；王朝复辟后，他回到了英国，深受王室的重视以及同时代学者的尊崇。因此，人们对他的称呼多种多样：炼金士、化学家、哲学家、物理学家、古董收藏家以及海盗①。迪格比作为一名皇家学会成员，在物理学以及哲学领域有突破性的理论成就。本章主要根据迪格比的著作《同情粉剂的论述》分析他在煤烟认知方面的成就，以探讨 17 世纪中期英国知识分子对煤烟的认知程度，进而分析这一时期煤烟治理滞后的根本原因。

第一节　迪格比关注煤烟的原因

关于迪格比关注煤烟的原因，有人认为与威廉·劳德大主教有关②。劳德大主教曾经担任迪格比的神学导师，两人关系非常密切，他们之间的这种亲密关系保持了一生③。即使迪格比在法国改信天主教的事情，他也是第一时间并且唯一一次通知了已经升任坎特伯雷大主教的劳德，这一点在劳德的回信中有所体现④。当时，以国王为代表的英国贵族阶层严格实行宗教统一政策，与英国国教教义或教仪不一致的任何细节均不放过。即使有人在举行宗教仪式时不按照英国国教规定的程序，就会受到大主教的批评，并上报给国王。如 1633 年劳德报告给国王关于巴斯（Bath）和威尔斯（Wells）的主教遇到的麻烦：在此教区经常有许多来自其他教区并享有圣俸的人在集镇上做各种各样的演讲，当他们的布道教义存在一定争议或混乱时，他们怕受到惩罚而不会在当地久留，大多时候便潜入其他乡村，

①　Anderew Kippis, Joseph Towers etc., *Biographia Britannica: Lives Most Eminent Persons - Who Have Flourished in Great - Britain and Ireland, From the Earliest Ages, to the Present Times: Collectd from the Best Authorities, Printed and Manuscript, and Digested in the Manner of Mr. Bayle's Historical and Critical Dictionary. These Condedition with Corrections, Enlargements, and the Addition of New Lives*, Vol. V., London: Printed by John Nichols, For T. Longman, B. Law, H. Baldwin, C. Dilly, G. G. and J. Robinson, J. Nichols, H. Gardner, W. Ottridge, F. and C. Rivington, A. Strahan, J. Murray, T, Evans, S. Hayes, J. D. E. B. Rett, T. Payne, W. Lowndes, J. Scatcherd, Darton and Harvey, and J. Taylor, 1793, p. 185.

②　Peter Brimblecombe, *The Big Smoke: A History of Air Pollution in London Since Medieval Times*, London and New York: Routledge, 1987, p. 44.

③　Thomas Longueville, *The Life of Sir Kenelm Digby*, London, New York, Bombay: Longmans, Green, and Co., 1896, pp. 9 - 10.

④　William Laud, *The Autobiography of Dr. William Laud, Archbishop of Canterbury, and Martyr, Collected From His Remains*, Oxford: John Henry parker, 1839, p. 179.

导致巴斯和威尔斯地方主教无法惩罚这些人①。而当迪格比写信给劳德大主教讲明自己改信天主教的原因时，希望劳德大主教理解并原谅自己，并且在附件中还嘱咐劳德替他保守秘密。面对爱徒的改宗，劳德大主教在回信中一直非常有礼地询问了迪格比与此有关的问题，并且明确告诉迪格比他仅会将此消息以适当的方式告知对迪格比非常关心的国王和对迪格比非常爱护的库克先生②。由此可见，迪格比与劳德的关系是非常密切的。劳德因治理酿酒坊的煤烟被送上断头台在一定程度上对迪格比产生非常大的影响。

从迪格比家族的发展轨迹来看，1605 年是一个极大的转折点。迪格比家族之前的富足与荣耀均因当年的爆炸案戛然而止。随之而来的是悲伤与耻辱相伴的生活。迪格比通过努力学习获得了成功。他凭借自己的睿智重新赢得王储（后来的查理一世）的友情，也赢得了国王的认可，跻身贵族圈。当查理一世即位，政治上追求绝对权威的时候，迪格比与国王关系非常密切，在国王镇压苏格兰叛乱事务中，迪格比曾主要为此事征税以支持国王的行为③。因此，迪格比对煤烟的关注也与国王有关。

另外，迪格比对任何新鲜事物的敏感性是他出类拔萃与成功的秘诀。这种敏感性也是他关注伦敦空气问题的主要根源。迪格比成长过程中，英国居民以及手工业作坊开始逐渐使用煤炭，伦敦更胜一筹。迪格比二十岁之前生活在燃煤较少的地方，当他游历欧洲大陆之后，便明显感到伦敦空气质量与其他地方的区别。他通过阐述原子的流动属性解释这种空气质量的不同④。由此可见，迪格比作为学者的这种敏感性引导他持续关注英国空

---

① *The Works of the Most Reverend Father in God*，*William Laud*，*D. D.*，*Sometime Lord Archboshop of Canterbury*，*Vol.* Ⅴ. *Part* Ⅱ，*Accounts of Province*，&c.，Oxford：John Henry Parker，1854，p. 319.

② William Laud，*The Autobiography of Dr. William Laud*，*Archbishop of Canterbury*，*and Martyr*，*Collected From His Remains*，Oxford：John Henry parker，1839，pp. 179 – 180.

③ Arthur Collins，*Letters and Memorials of State*，*In the Reigns of Queen Mary*，*Queen Elizabeth*，*King James*，*King Charles the First*，*Part of the Reign of King Charles the Second*，*and Oliver's Usurpation*，London：Printed for T. Osborne，1746，pp. 555 – 557.

④ Kenelme Digby，*Late Discourse Made in a Solemne Assembly of Nobles and Learned Men at Mont-pellier in France*；*Touching the Cure of Wounds by the Powder of Sympathy*；*With Instructions how to make the said Powder*；*whereby many other Secrets of Nature are Unfolded*，London：Printed for R. Lownes，and T. Davier，1658，p. 41.

气质量问题。

另外，迪格比留下的卷宗以及材料中显示不论他在巴黎还是在伦敦均结交一些当时学界非常有影响的学者[1]。这些人中有些是化学家、有些是诗人、有些是数学家、有些是物理学家等。其中一位叫玛格丽特·卡文迪什（Margaret Cavendish）的诗人对原子属性的阐述对迪格比的原子论有很大的启发。她的诗中提出世界是由原子构成的，这些原子是精细的，它们到处飞舞，寻找合适的地方；原子有四种形状：方的、圆的、长的和尖的；原子具有同情感，通过同情原子的结构凝结，这种同情性存在于每一个个体中，每一类原子集中在一起，形成气、火、土、水等物质；当不同的原子结合在一起时，它们会发生变化，如天气变化一样；圆的原子产生露汁，尖原子产生热；生长着的草、水果和花香是这样；方与平的原子不粗粝，形成矿石；制造冷热的原子尖利得像钳子；最尖的原子保持身体炎热，产生热量，一些原子有时生气，火花四飞，或者需要空间，最弱的原子被推出去，寻找更轻的物质并控制它们；这样更轻的原子转而将空气变成火焰，火焰并不像燃烧的煤炭一样炎热……；煤炭为什么会将一座房子点燃，是因为煤炭里的原子是尖的，并且很用力地穿刺物体[2]。卡文迪什的观点对迪格比撰写《同情粉剂的论述》一书中关于伦敦煤烟的原子属性有一定的启发作用。关于这一点下文将详细介绍迪格比的观点。

总之，迪格比关注伦敦煤烟的原因多种多样，但是，不能否认伦敦城使用的煤炭量日益增多导致伦敦空气污染加剧的事实是他关注该问题的根本原因。当时，从国王、僧侣到贵族均在使用煤炭。威廉·劳德大主教的自传中明确记载了威斯敏斯特宫因为燃煤而着火的事实，同时，也记载自己花费木头和煤炭的情况[3]。关于这一时期伦敦城燃煤使用情况，前文已

① Lawrence M. Principe, *Sir Kenelm Digby and His Alchemical Circle in 1650s Paris: Newly Discovered Manuscript*, London: Society for the History of Alchemy and Chemistry, 2013.

② Margaret Cavendish, *Poems and Fancies*, London: Printed by T. R. for J. Martin, and J. Allestrye, 1653, pp. 1–26.

③ William Laud, *The Autobiography of Dr. William Laud, Archbishop of Canterbury, and Martyr, Collected From His Remains*, Oxford: John Henry parker, 1839, pp. 123, 296.

有所叙述。与燃煤使用情况相对应的是，越来越多的人关注煤烟腐蚀建筑物，尤其是非常关注许多意义重大的建筑物被腐蚀的情况，并且通过向国王请愿的方式要求治理手工业作坊的煤烟或重建这些建筑。其中最为著名的事例就是在詹姆斯一世时期一位学者频繁地向国王请愿要求重建圣保罗大教堂，就是因为它被煤烟长期腐蚀而失去了它原有的神秘与庄严的色彩①。可见，当时伦敦城的燃煤已经具有一定规模。迪格比身处这样的环境，他对燃煤的关注也就比较正常了。

第二节　迪格比的原子论

作为 17 世纪的一位著名的学者，迪格比的身份无疑是非常复杂的：他既是一位哲学家、又是物理学家、数学家、化学家、炼金士、收藏家、朝臣以及海盗等。无论哪种身份，迪格比均有一种持之以恒的追求——探究新鲜事物的根源。因此，他关于煤烟的认识论实际上是他探究关于原子运动的专著——《同情粉》② 当中的一则个案论述。该书整体而言是一本哲学专著，但是因为作者知识系统的庞杂而使该书既充满神秘感，又具有时代进步的特征。笔者拟将迪格比的煤烟观点放在《同情粉剂的论述》一书中的主要内容进行简单介绍。

迪格比在《同情粉剂的论述》一书中认为任何物体均是由原子构成的，包括意念（spirits）也不例外。任何原子都通过太阳光线的承载做直线运动。关于这一点，作者在文章开始以小马与狼的例子展开论述：有些马匹能够成功地逃脱狼的追捕，其中的原因并不是它们的速度更快，而是

---

① William Dugdale, *The History of Saint Paul's Cathedral in London*, *From its Foundation*: *Extracted out of Original Charters*, *Records*, *Leiger - Books*, *and Other Manuscripts*, London: Printed for Lackington, Hughes, Harding, Mavor, And Jones, Finsbury Square, and Longman, Hurst, Rees, Orme, And Brown, 1818, p. 101.

② Kenelme Digby, *A Late Discourse Made in a Solemne Assembly of Nobles and Learned Men at Montpellier in France*; *Touching the Cure of Wounds by the Powder of Sympathy*; *With Instructions how to make the said Powder*; *whereby many other Secrets of Nature are Unfolded*, London: Printed for R. Lownes, and T. Davier, 1658. 因该书名称过长，在本书中统称为《同情粉》。

它们的本能迅速拯救了自己；紧接着，作者又以伤员的治疗为例，论证了原子在空气中的运动促使一位伤员可以不与大夫接触而通过空气中的原子同情性就可以治疗伤口①。他为了说明这种本能属性通过大量的例子来证明物质的原子运动。他本人称之为"原子运动原理"（principles）。

首先，迪格比认为空气中充满光，这种光是一种材料和人体的物质，它们源源不断地来自太阳，并从各个方向以直线方式通过一种极快的速度切割自己；光在运动中遇到阻挡物时，会反复击打那些阻挡物，直到光自身疲劳熄灭②。迪格比在此探究了原子的运动载体为光，光做直线运动，那么原子也做直线运动；光会熄灭，原子运动会停止。迪格比的这种说法源自他对自然界中光线的观察。

其次，光线照射在一些物体上，光线无法进入，反射在物体的表面，它们放松自己，并且携带一些小颗粒或原子；光击打在物体上，它只能对自己做一些小的、相对极稀有的、细微的切口；这些小的原子被切，脱离它们的主体；四种元素构成原子，光线的热量仍然存在，包含许多湿度，黏度，粘贴上述原子，将它们带在光线身边。迪格比以此来解释球弹在墙上会留下印痕的原理，水分如何被干燥的射线击打并携带湿润的水体上升到空气中。他又形容这些原子就像骑士一样，骑着飞速的骏马，跑得非常远，直到太阳落山，将他们带离他们的马匹，卸下他们的装备，将他们留下；接着他们成群的迅猛地陷入土里，当他们弹起时，他们的最大的一部分，最重的一部分随着太阳的下降而最先降落；尽管原子如此稀薄以至于人们看不到它，但是人们能感觉到它们就像许多小锤子一样，击向人们的头和身体；它们中较年轻的原子，拥有较强的精力，它们从沸腾的血管、

① Kenelme Digby, *A Late Discourse Made in a Solemne Assembly of Nobles and Learned Men at Montpellier in France; Touching the Cure of Wounds by the Powder of Sympathy; With Instructions how to make the said Powder; whereby many other Secrets of Nature are Unfolded*, London: Printed for R. Lownes, and T. Davier, 1658, pp. 2 – 17.

② Kenelme Digby, *A Late Discourse Made in a Solemne Assembly of Nobles and Learned Men at Montpellier in France; Touching the Cure of Wounds by the Powder of Sympathy; With Instructions how to make the said Powder; whereby many other Secrets of Nature are Unfolded*, London: Printed for R. Lownes, and T. Davier, 1658, pp. 17 – 21.

富含热量的肤色中推出大量的意念，当这些意念涌现时，它们驱逐这些意念，并且阻碍它们对身体起作用，正如他们对那些随着较少热量的年长意念所做的一样；这些意念被风吹得甩来甩去，就像是一条强大的原子河，河流将一些泥土推出来成为土地一样，这些意念最终成为土地的一部分①。实际上，我们可以从迪格比的原子运动论中看出原子自身并不能运动，且它们有年轻年老之分，也就是说被光线带离的意念要么是被年轻原子淘汰掉的，要么它们自身已经缺乏热量，无法跟着原来物体的运动，它们很快将掉入泥土中，似乎成为这些意念或原子的最终归宿。迪格比的这种论说的证据均来自他本人在现实中观察到的一些自然现象，掺杂进他本人对这种现象形成原因的一种猜想或想象，这种方法论是源自古代的原子论方法，还无法用现代化的实验证明。

　　迪格比认为风也是激动的原子，通过一种猛力投下来；因此当风来时带有一定的属性，如他们来自南方，他们是热的；如果来自北方，他们是冷的；如果仅来自地面，他们是干燥的；如果来自海洋或海边，他们是湿的和潮湿的；如果来自方盛产芳香物质的地方，他们是香的，令人陶醉并令人愉快；如果一位来自生产香料、香水和树胶的阿拉伯费利克斯（Felix）的人，此人气味会甜美，或者在玫瑰盛开的季节来自丰特奈（Fontenay）和巴黎的沃吉哈赫（Vaugirardnd），这个人的气味也是甜美的；与此相反的是，那些来自发恶臭气味地方的人，与来自波左罗的含硫土壤的人带有非常难闻的气味；如有人来自疾病大流行的地方，则此人也带有传染病②。迪格比关于风是激动的原子的论说缺乏进一步的理论依据，比如为什么激动的原子和年老的原子之间不能中和，既然原子自身不能

----

　　① Kenelme Digby, *A Late Discourse Made in a Solemne Assembly of Nobles and Learned Men at Montpellier in France; Touching the Cure of Wounds by the Powder of Sympathy; With Instructions how to make the said Powder; whereby many other Secrets of Nature are Unfolded*, London: Printed for R. Lownes, and T. Davier, 1658, pp. 21 – 23.

　　② Kenelme Digby, *A Late Discourse Made in a Solemne Assembly of Nobles and Learned Men at Montpellier in France; Touching the Cure of Wounds by the Powder of Sympathy; With Instructions how to make the said Powder; whereby many other Secrets of Nature are Unfolded*, London: Printed for R. Lownes, and T. Davier, 1658, p. 34.

运动，那么运动的载体是光，速度快慢应该由光来控制而不是原子的激动与否。并且，根据迪格比的论说，只要是没有光线或光线不强的地方，原子则无法运动或运动缓慢，那么，伦敦城的工场作坊等即使晚上整夜开工则不会有构成煤烟的原子在城市上空到处弥漫。换言之，工场或大机器生产的工厂均应该在夜晚作业，必定会减少污染。然而，事实则恰恰相反。

第三，空气中充满了小物体和原子，或人们称之为空气就是混合物，或这些原子的混合体，它们在空气中占主导地位。在自然界不可能真正找到任何纯元素。在很大程度上，我们放置空气的地方，存在充足的空间，自由度足以盛得下这样的混合物。迪格比在此论述中，以小毒蛇成长的例子说明空气中隐藏着生命食物，这些小毒蛇只吃空气可以在一年之内长大[1]。迪格比关于空气中充满混合物的说法与我们现代科学的研究结果不谋而合，这种论说得益于迪格比对他所在时代的化学学科的关注与实践。他的私人回忆录里介绍了他本人自 17 世纪 30 年代中后期开始一直沉迷于化学学科[2]。而且，他的论著中我们总能发现他对物质合成与结构的关注，如他对各种药品的试验[3]。在《同情粉剂的论述》一书中，他做的关于水银的实验、做硫酸、硫磺的实验等，都可以看到迪格比对当时化学实验的热衷[4]。

另外，迪格比认同每一种物体是无限的可分割的，构成物体的原子是

---

① Kenelme Digby, *A Late Discourse Made in a Solemne Assembly of Nobles and Learned Men at Mont-pellier in France*; *Touching the Cure of Wounds by the Powder of Sympathy*; *With Instructions how to make the said Powder*; *whereby many other Secrets of Nature are Unfolded*, London: Printed for R. Lownes, and T. Davier, 1658, p. 35.

② Kenelme Digby, *Private Memoirs of Sir Kenelm Digy, Gentleman of the Bedchamber to King Charles the First*, London: Saunders and Otley, 1827, p. L.

③ Thomas Longueville, *The Life of Sir Kenelm Digby*, London, New York, Bombay: Longmans, Green, and Co. , 1896, pp. 210, 255, 256.

④ Kenelme Digby, *A Late Discourse Made in a Solemne Assembly of Nobles and Learned Men at Mont-pellier in France*; *Touching the Cure of Wounds by the Powder of Sympathy*; *With Instructions how to make the said Powder*; *whereby many other Secrets of Nature are Unfolded*, London: Printed for R. Lownes, and T. Davier, 1658, p. 78.

无限可分割的①。迪格比在此引用了欧几里得的数学逻辑思维来分割长线和短线的案例证明任何事物可以无限再分②。除此之外，迪格比认为被分割的原子被携带到一个非常遥远的距离③。

迪格比还认为物体之间存在吸引力，而同样属性的原子间的相互吸引力更大④；物体之间的相似性促成了物质的联合；迪格比通过声音与耳朵之间的关系提出感觉器官也是由原子构成的⑤；物体吸引他们自己的意念，也同样牵引他们粘贴以及结合在一起⑥。

由此可见，迪格比在阐述它的原子论时主要坚持空气中充满物质微粒，即原子，包括意念也如此；原子有不同的属性，有不同的形状，也有不同的重量，当然似乎还有不同的年龄。正是这些各种各样的原子在我们身边产生了不同的影响，其中关于伦敦煤烟的论述就是其中之一。

————————

① Kenelme Digby, *A Late Discourse Made in a Solemne Assembly of Nobles and Learned Men at Montpellier in France*；*Touching the Cure of Wounds by the Powder of Sympathy*；*With Instructions how to make the said Powder*；*whereby many other Secrets of Nature are Unfolded*, London：Printed for R. Lownes, and T. Davier, 1658, p. 44.

② Kenelme Digby, *A Late Discourse Made in a Solemne Assembly of Nobles and Learned Men at Montpellier in France*；*Touching the Cure of Wounds by the Powder of Sympathy*；*With Instructions how to make the said Powder*；*whereby many other Secrets of Nature are Unfolded*, London：Printed for R. Lownes, and T. Davier, 1658, p. 45.

③ Kenelme Digby, *A Late Discourse Made in a Solemne Assembly of Nobles and Learned Men at Montpellier in France*；*Touching the Cure of Wounds by the Powder of Sympathy*；*With Instructions how to make the said Powder*；*whereby many other Secrets of Nature are Unfolded*, London：Printed for R. Lownes, and T. Davier, 1658, p. 48.

④ Kenelme Digby, *A Late Discourse Made in a Solemne Assembly of Nobles and Learned Men at Montpellier in France*；*Touching the Cure of Wounds by the Powder of Sympathy*；*With Instructions how to make the said Powder*；*whereby many other Secrets of Nature are Unfolded*, London：Printed for R. Lownes, and T. Davier, 1658, p. 68.

⑤ Kenelme Digby, *A Late Discourse Made in a Solemne Assembly of Nobles and Learned Men at Montpellier in France*；*Touching the Cure of Wounds by the Powder of Sympathy*；*With Instructions how to make the said Powder*；*whereby many other Secrets of Nature are Unfolded*, London：Printed for R. Lownes, and T. Davier, 1658, p. 85.

⑥ Kenelme Digby, *A Late Discourse Made in a Solemne Assembly of Nobles and Learned Men at Montpellier in France*；*Touching the Cure of Wounds by the Powder of Sympathy*；*With Instructions how to make the said Powder*；*whereby many other Secrets of Nature are Unfolded*, London：Printed for R. Lownes, and T. Davier, 1658, p. 117.

第三节　迪格比关于伦敦煤烟的观点

迪格比在关于原子的论述中称原子在空气中占主导地位，并且它们并不是以纯元素的形式存在，它们常常与其他元素结合以混合物的状态存在；这些混合物存在的场所就是空气所在的地方；空气中的各种原子混合物在光的携带下进行运动①，并且对周围环境造成污染：他在此举例，暴露在充满恶臭气味空气中的最洁净的亮闪闪的银质碟子，会在瞬间变成铅色的，并且发出恶臭的气味，这并不是其他原因造成的，而是来自那些黑色的原子，真正地粘在他们上面的腐败的颜色②。这充分说明空气中确实充满原子。

迪格比进而指出伦敦城的空气中常常充满大量的煤烟混合物，这种情况对伦敦居民而言是不幸的，并且充满麻烦，因为伦敦的空气中常常充满硫酸盐、硝酸钾和一些其他的物质的原子，原因是伦敦居民通常用来自纽卡瑟尔或苏格兰的煤炭生火。这种炭含有大量易挥发的盐，这种盐的原子非常锋利，它是被煤烟携带着的，并被煤烟推出，充满空气，成为空气的一部分③。从这点看，不论迪格比所谓的盐是如何被煤烟推出的，其中关于伦敦空气中含有大量的煤烟以及煤烟中含有一种腐蚀性物质的说法是非常准确的。尽管迪格比并不清楚这种物质是硫的各种氧化物，但是它确切

　　① Kenelme Digby, *A Late Discourse Made in a Solemne Assembly of Nobles and Learned Men at Montpellier in France*; *Touching the Cure of Wounds by the Powder of Sympathy*; *With Instructions how to make the said Powder*; *whereby many other Secrets of Nature are Unfolded*, London: Printed for R. Lownes, and T. Davier, 1658, p. 35.

　　② Kenelme Digby, *A Late Discourse Made in a Solemne Assembly of Nobles and Learned Men at Montpellier in France*; *Touching the Cure of Wounds by the Powder of Sympathy*; *With Instructions how to make the said Powder*; *whereby many other Secrets of Nature are Unfolded*, London: Printed for R. Lownes, and T. Davier, 1658, p. 41.

　　③ Kenelme Digby, *A Late Discourse Made in a Solemne Assembly of Nobles and Learned Men at Montpellier in France*; *Touching the Cure of Wounds by the Powder of Sympathy*; *With Instructions how to make the said Powder*; *whereby many other Secrets of Nature are Unfolded*, London: Printed for R. Lownes, and T. Davier, 1658, pp. 38 – 39.

地指出这种物质对所处环境中的各种事物构成威胁的观点已经被现代化学的实验结果证明不差分毫了。

迪格比所处的时代，伦敦城正在迅速地成长为一个大都市：17 世纪初时伦敦人口约为 22 万多，大约是 16 世纪初的 4 倍[1]；到 17 世纪中期，伦敦人口又增加了约 18 万，仅增加的这一数字是 16 世纪初伦敦总人口的 3 倍[2]。居民人口增多意味着伦敦城市燃煤量的增加。到 17 世纪中期，上至达官贵人，下至普通居民均越来越依靠煤炭。如，曾任英国议会议员、英国海军部官员的塞缪尔·彭皮斯（Samuel Pepys）雇船运回 15 吨的煤炭供自家使用[3]。而这一时期，伦敦穷人亦想方设法获得煤炭以维持正常的生活。他们常常因买不起或买不到煤炭而不得不忍饥挨饿，甚至曾发生伦敦居民因无法获得煤炭而被饿死的多起事例[4]。这充分说明除了燃煤，伦敦居民没有其他的燃料可选。另外，此时各手工业作坊因木材燃料的缺乏已纷纷改用煤炭。如 17 世纪初期的材料显示，酿酒、玻璃制品以及石膏、印染等行业均已转向改用燃煤[5]。伦敦居民对煤炭的需求可从这一时期运煤船的载重规模的变化得到印证。17 世纪，伦敦煤炭运输船只载重量的平均规模从世纪初的 73 吨上升到 83 吨，再上升到 17 世纪 40 年代左右的 139 吨[6]。这些变化的参量足以说明当时伦敦居民使用燃煤量的增加情况。燃煤量的增加导致伦敦空气中充满了大量的硫化物。一位诗人曾描写当时伦

---

① Ken Powell, Chris Cook, *English Historical Facts 1485 – 1603*, London：Palgrave Macmillan, 1977，pp. 197，198.

② J. A. Chartres, *Pre – industrial Britain*, Oxford UK&Cambridge USA：Basil Blackwell, 1994, p. 203.

③ Henry B. Wheatley, ed. , *The Diary of Samuel Pepys – Complete 1661 N. S.* , London：George Bell and Sons；Cambridge：Deighton Bell and Co. , 1893，16th of Sept. 1661.

④ Mary Anne Everett Green, ed. , *Calendar of State Papers*, *Domestic Series*, *of the Reign of Charles* II. *1664 – 1665*, London：Her Majesty's Public Record Office, 1863, p. 154.

⑤ Mary Anne Everett Green, ed. , *Calendar of State Papers*, *Domestic Series*, *James I. 1611 – 1618*, *Preserved in the State Paper Department of the Majesty's Public Record Office*, London：Longman, Brown, Green, Longmans &Roberts, 1858, p. 13

⑥ J. U. Nef, *The Rise of the British Coal Industry*, Vol. I , London：George Routledge & Sons, LED. , 1932, p. 390.

敦燃煤的情况：冬天你会看到四处升起的煤炭烟火以及带着蓝色火焰的硫①。尽管此时居民燃煤量与19世纪的伦敦相比是小巫见大巫，但是燃煤炉设备简陋，煤炭燃烧不充分而释放出大量的含硫煤烟，造成的影响非常明显。更何况，17世纪伦敦燃煤含硫量为2.5%—3%左右，与19世纪后的约1.5%—2%相比其释放硫化物的量是非常巨大的②。

迪格比指出正是这种锋利的盐对伦敦城的建筑和居民的家具以及生活用品造成了极大的腐蚀和污染。他说尽管人们看不到这种盐，但是人们能发现它的影响：含有煤烟的空气将床、挂毯以及其他家用器具腐蚀了，把那些漂亮的浅色家具玷污了；尽管一个人会将他的房间打扫得非常洁净，然后紧闭门窗，但是当他在一段时间后打开房门发现一层薄薄的煤烟灰覆盖在所有的家具上，就如同人们在磨坊里和面包店里看到的一样，常常有一层白色的灰尘将墙染成白色，有时橱柜和箱子里也会钻进煤烟；上述煤灰也能传到屋外，并且将树篱上的衣服弄脏；当春季到来时，树上的叶子也被煤烟弄脏了③。这一时期的学者曾指出这些煤烟来自酿酒作坊、印染作坊、石灰炼制厂、制盐作坊、肥皂作坊等行业专门的出烟口；这些令人窒息的煤烟与洁净空气混合在一起，导致人们呼吸困难，在伦敦的一些公共场所总能听到不停地咳嗽声、擤鼻涕的声音以及吐痰的声音④。由此可见，煤烟对大多数伦敦民众的健康造成较大的影响。不仅如此，伦敦城空气中煤烟携带的具有腐蚀性的盐也会对伦敦居民的健康造成了更大的危害。首先，居民肺部呼吸的空气受到这种盐的污染，导致人们肺部的黏痰

---

① Mr. Gay, *Trivia*: *or*, *the Art of Walking the Streets of London*, The Third edition, London: Printed for Bernard Lintot, 1730, p. 12.

② Peter Brimblecombe, "London Air Pollution, 1500 - 1900", *Atmospheric Environment*, Vol. 11, February 1977, pp. 1157 - 1162.

③ Kenelme Digby, *A Late Discourse Made in a Solemne Assembly of Nobles and Learned Men at Montpellier in France*; *Touching the Cure of Wounds by the Powder of Sympathy*; *With Instructions how to make the said Powder*; *whereby many other Secrets of Nature are Unfolded*, London: Printed for R. Lownes, and T. Davier, 1658, pp. 39.

④ John Evelyn, *Fumifugium*, *or The Inconveniencie of the Aer and Smoak of London Dissipated*, Exeter: The Rota at the University of Exeter, 1976, pp. A2 - 6.

和唾液通常都是黑色的，与煤烟颜色一样。其次，这种煤烟产品的辛辣造成的另一恶劣的影响是，它使人们遭受肺炎的折磨，渐渐地发展成肺溃疡[1]。迪格比为了进一步描述这种盐具有极强的腐蚀性，他举例证明：如果将腌的猪腿或牛肉，或任何其他肉放进烟囱，它将会被烤干，并将它腐蚀坏，从而得出这样的结论：当煤烟穿过肺部时，那些肺部本身就比较虚弱的人很快就会受到它的影响；伦敦死亡人数的一半死于肺溃疡，肺部瘟热以及肺结核导致肺溃烂吐血[2]。这一时期，整个英格兰死于肺病或支气管炎等呼吸系统疾病的人数逐步增加：1629—1632 年总共为 5157 例，1633—1636 年为 8266 例，1647—1650 年为 8999 例，1651—1654 年为 9914 例，1655—1658 年为 12157 例；仅 1629 年、1649 年、1659 年三个年份里的因呼吸系统疾病死亡的人数高达 7197 例；在上述 20 年内呼吸系统死亡人数总共为 44487 例[3]。事实确实如此，这一时期，煤烟对伦敦居民造成了极大的伤害，由于煤烟、恶臭以及密闭的空气造成了伦敦居民身体健康状况次于英格兰乡村；而且伦敦人口中老人的比例远远小于其他地方；大多数身患疾病的人都搬到乡下或去伦敦郊区了[4]。

迪格比针对伦敦居民受此煤烟中易挥发的盐的影响提供了自己的救治方案：他指出这种疾病在初期阶段，救治措施非常容易，只需要将病人送到空气质量良好的地方即可。他提供了几个可供选择的地方，如烈日、巴

---

① Kenelme Digby, *A Late Discourse Made in a Solemne Assembly of Nobles and Learned Men at Montpellier in France; Touching the Cure of Wounds by the Powder of Sympathy; With Instructions how to make the said Powder; whereby many other Secrets of Nature are Unfolded*, London: Printed for R. Lownes, and T. Davier, 1658, pp. 39 – 40.

② Kenelme Digby, *A Late Discourse Made in a Solemne Assembly of Nobles and Learned Men at Montpellier in France; Touching the Cure of Wounds by the Powder of Sympathy; With Instructions how to make the said Powder; whereby many other Secrets of Nature are Unfolded*, London: Printed for R. Lownes, and T. Davier, 1658, pp. 39 – 40.

③ John Graunt, *Natural and Political Observations Mentioned in a following index, and made upon the Bills of Mortality*, London: Printed by Tho. Roycroft for John Martin, James Allestry, and Tho. Dicas, 1662, p. 82. http://www. neonatology. org/pdf/graunt. pdf.

④ John Graunt, *Natural and Political Observations Mentioned in a following index, and made upon the Bills of Mortality*, London: Printed by Tho. Roycroft for John Martin, James Allestry, and Tho. Dicas, 1662, p. 46. http://www. neonatology. org/pdf/graunt. pdf.

黎等，尤其是巴黎，尽管存在大城市的污秽和下水道的恶臭，但是它没有受到煤烟的污染，因此，是去治疗肺溃疡最好的地方。而他曾经提出治疗皮肉伤的方法——使用同情粉剂硫酸盐，使其在空气中流动而会对伤口有较好的疗效。迪格比认为这种盐的属性由两部分构成：一部分是稳定的，一部分是易挥发的。稳定的部分是尖利的并且具有腐蚀性的原子，在一定程度上具有攻击性的。挥发性的原子是平滑的、柔软的，收敛的，正是这种原子在空气中导致伤口止血、静脉关闭，有助于伤口的治疗①。这种方法只适合皮肉伤，并且是受伤较短时期内才有效，而对于内脏受伤特别像肺溃疡这种长期受到攻击性原子侵蚀而病变的疾病用迪格比的观点来看是不适合的。

综上可见，迪格比对伦敦煤烟的关注与时代发展密不可分。他观察到煤烟对周围环境、人体健康的影响，因此，他试图将煤烟的这种影响通过一种更加接近其本质的理论解释清楚，其目的也是想通过一种更加有效的方式去解决这种新时代出现的麻烦。然而，从他对待患有肺部疾病的伦敦居民的治疗方式——呼吸新鲜空气来看，他也并没有找到更加合适的改良伦敦空气中煤烟的好办法。

结　语

17 世纪的英国处在社会大变革的时期，这种变革不仅体现在政治、经济、社会生活等方面，也体现在思想领域。肯内尔姆·迪格比作为 17 世纪中期英格兰著名的哲学家、化学家、数学家对这一时期社会领域的各门学科均有所涉猎。不仅如此，他还与当时欧洲最著名的哲学家、数学家、化学家来往密切。这对于他研究这些学科领域大有裨益，也在一定程度上成

---

① Kenelme Digby, *A Late Discourse Made in a Solemne Assembly of Nobles and Learned Men at Montpellier in France*；*Touching the Cure of Wounds by the Powder of Sympathy*；*With Instructions how to make the said Powder*；*whereby many other Secrets of Nature are Unfolded*, London：Printed for R. Lownes, and T. Davier, 1658, pp. 136 – 137.

就了迪格比的学术贡献。

迪格比提出的原子论主要学习和参考了古代伟大的哲学家亚里士多德的思想，同时又深受同时代著名的哲学家笛卡尔思想的影响，又将自己所见所思用哲学的方式展现出来，以探究世界的本源。他主要通过不同的环境与气候变化情况分析构成世界的原子运动情况：他认为原子自己并不能运动，只能依靠光这样的一个载体做直线运动，但是这种直线并不是从一个方向而来，而是从不同方向出发，最终当光的能量消耗殆尽时，这种原子落入尘埃，结束了它的这段行程。并且，按照这种原子的运动规律，即可判定，原子也是日出而动，日落而息的。这种观点与早就存在的关于原子是运动的，并且运动是原子存在的状态的思想是相反的。

迪格比关于空气中充满原子的观点既与古代哲学家的观点相似，同时，又具有深深的时代烙印。他关于空气中充满原子的阐述通过小蛇的成长与周围环境受燃煤或粉末的污染产生的变化来论述空气中原本就有一定的能使生物生存的营养品或食物——硫酸盐，特定的物质带有特定的盐，如面包作坊里的墙呈白色，煤烟会使周围建筑受腐蚀，使人体呼吸系统不适等，都与特定的时代有关。

迪格比的原子论受时代限制充满迷信的成分。他曾试图通过原子的观点阐述胎记和疣瘊也是原子构成的，形成这种皮肤病变的原因是母亲在怀孕期间强烈的意念导致胎儿皮肤出现问题。这种解释充满诡异感。

迪格比关于煤烟的认识在一定程度上接近科学原理，煤烟中的有害成分确实具有极强的腐蚀性，而关于如何解决这种盐产生的负面影响，迪格比给出的答案是远离这种带有腐蚀性质的盐的环境。然而，在当时的英格兰，尤其是人口已达到50万的大都市伦敦，燃料成为解决温饱的首要物质需求，而木材根本无法满足这种需求量，只有煤炭可供选择，如果要求50万人都离开伦敦也是不现实的。即使迪格比的朋友玛格丽特·卡文迪什提出应该有一种虚空的原子专门承载这种尖利性的原子的观点，那也只是停留在想象阶段，仍然没有找到这种承载物——碱。不过这种观点对于后人进一步探究这一命题提供了思路。因此，它还是具有一定的科学成分的。

　　综上可见，本章主要探讨 17 世纪的人们对于煤烟的认识程度。而肯内尔姆·迪格比以及他身边的朋友对煤烟的认识已达到相当高的水准，特别是迪格比，能够准确无误地比较受煤烟影响的伦敦空气与纯粹的因人口集中而产生的巴黎城的恶臭气味有截然不同的物质。他的这种研究成果明确地指出燃煤导致伦敦空气污浊不堪，也间接地为他的导师威廉·劳德的煤烟治理行为加以辩护。至于如何解决这种麻烦的煤烟，这也不是迪格比的时代能完成的问题。深受迪格比思想影响的约翰·伊维林的方案成为 17 世纪后期英国煤烟治理的主要内容。我们将在接下来的一章中进行探讨。

第三章 约翰·伊维林的煤烟治理方案

正如前两章的内容所指出的，当英国进入 17 世纪后，煤炭的大量使用造成英国空气的污浊，进而导致建筑物的破败，亦影响了英国王室的威严。威廉·劳德作为 17 世纪上半叶英国治理煤烟的执行者的典型代表，也作为英国王权的积极维护者，曾极严苛地惩罚了威斯敏斯特宫的两位燃煤酿酒商。劳德的行为从本质上来看并不是要消除煤烟，而是通过惩罚酿酒商获得巨额钱财以维修代表国王权威的圣保罗教堂。劳德的行为招致议会下院的忌恨。他也因此被推上了断头台。尽管如此，到 17 世纪中叶时，英国社会中一些先进的知识分子对煤烟的认知却越来越清晰。劳德的学生肯内尔姆·迪格比从事物的本原揭开了燃煤产生的煤烟具有极强的腐蚀性的真正原因，在一定意义上维护了劳德的行为。本章则主要从迪格比曾经的朋友，另一位保王党人约翰·伊维林的煤烟治理方案入手，进一步探求 17 世纪后期英国社会治理煤烟的成就。

约翰·伊维林是英国 17 世纪著名的政治家、社会活动家、日记体作家。他生活的时代恰恰是英国燃煤开始大量普及的时代。因此，他见证了英国煤烟污染空气的开端。他的著作《伦敦的空气和烟气造成的麻烦的消散》（以下简称《防烟》）一书中描述了 17 世纪 60 年代伦敦煤烟四处弥漫的景象：国王白厅的所有房子、走廊以及四周均充满了煤烟，人们笼罩在烟雾中彼此看不清对方；一旦煤烟进入某个地方，此处原来的华丽和完美将不可能长久保持；人们抱怨煤烟影响人体胸肺器官的健康；家庭燃煤释放出的烟较弱、易驱散、散布在高处，很显然，这些煤烟来自酿酒商、染匠、石灰锻造商、盐商、肥皂商以及一些私人行业的出烟口。因此，他公开指责煤烟永远压在人们的头上，令人讨厌；这些令人压抑的煤烟与其他健康良好的空气混合在一起，导致城市居民只能呼吸一种不洁的浓雾。除此之外，煤烟导致人们呼吸不畅，在伦敦的公众场所总能听到不停地咳喘声、吸鼻子的声音以及吐痰声[1]。伊维林措辞激烈地指出煤烟对环境及社会造成极其严重的负面影响，并试图通过采取具体的措施达到治理煤烟的目的。[2]

伊维林关于煤烟污染空气的观点相当前沿、精准。学界对伊维林治理煤烟污染的研究大致分为两种，一种是对他治理煤烟的认知和影响的肯定，另一种主要批判伊维林的学术背景。关于这一点，本书前文已有所述。本章主要着眼于17世纪英国王权发生明显变化的时代背景、伊维林治烟的动机分析伊维林治理煤烟污染失败的主要原因。

第一节　伊维林倚重王权的煤烟治理观

早在伊维林之前，英国人对煤烟的认知与应对就已开始，有人从技术层面对煤炭进行化学处理，有人则应用经济手段来遏制煤烟的生成，然而受时代所限，这些措施均没有产生预期的效果[3]。如何解决这些麻烦，在当时无疑是一个非常艰难的课题。伊维林提出治理煤烟的观念与他本人倚重王权关系密切。伊维林本人是一位坚定的保王派成员。这一点可以在他的日记中看到：他的日记中提及的重要事宜大多与王室有关。如，他记载1630年5月29日，威尔士王子，即后来查理二世诞生；又记载1640年

---

① John Evelyn, *Fumigugium, or The Inconveniencie of the Aer and Smoak of London Dissipated*, Exeter: The Rota at the University of Exeter, 1976, pp. A2 - 4. http://www.gyford.com/archive/2009/04/28/www.geocities.com/Paris/LeftBank/1914/fumifug.html#ff_ text, 2016/08/02.

② John Evelyn, *Fumigugium, or The Inconveniencie of the Aer and Smoak of London Dissipated*, Exeter: The Rota at the University of Exeter, 1976, http://www.gyford.com/archive/2009/04/28/www.geocities.com/Paris/LeftBank/1914/fumifug.html#ff_ text, 2016/08/02.

③ Peter Brimblecombe, *The Big Smoke: A History of Air Pollution in London Since Medieval Times*, London and New York: Routledge, 1987, pp. 39 - 41.

4月11日，国王骑行穿过城市的景象，作者用"庄严""华丽""辉煌"等字眼形容国王的出行，并且描述国王受到人们的爱戴等场景。在这样的描述中，伊维林充分流露出对国王及贵族的褒扬，对革命者的憎恨。如，对查理一世未经议会法案允许征收船税而受到议会质疑一事，伊维林称国王"仅仅因为一小部分税收"而招致议会中"部分满怀妒意"的"恶棍"的不满，因此，议会是"忘恩负义的、愚蠢的，以及毁灭性"的，它摧毁了"世界上最愉快幸福的君主制"；随之，当议会将国王顾问斯坦福伯爵推上断头台处死之后，伊维林称议会"切断了英格兰最具智慧的头脑"；当谈及另一位保王党大贵族的遭遇时，他用"受到诽谤"的字眼表示同情，而称革命者是"来自萨沃瑟克（Southwark）的乌合之众"表明自己的立场。① 不仅如此，他在英国内战期间，还曾亲自加入对议会军的战斗中，随后，获得国王给予的旅行通行证到达巴黎，并且与流亡的保王党集团及王室成员关系密切②。

斯图亚特王朝复辟前夕，伊维林积极地参与到复辟事宜中，如，1659年11月他发表了题为"向国王道歉"的言论，极力赞扬国王，也因此获得国王和保王党的青睐。王朝复辟后，1660年6月30日，伊维林觐见国王时，国王很高兴地称他是老相识③。此后，伊维林满怀喜悦之情，积极地参与到国王委派的各项事务中。

当时，伊维林本人并没有从家族中继承多少祖产，也没有获得相应的王室或社会职位。从他极力维护王权复辟以及试图想接近国王的举动看，伊维林实际上是心存谋划，也就是他希望得到国王的认可和重用，改变他本人的前途命运。因此，伊维林对国王权力寄予了很高的期望。他之所以写出《防烟》一书，主要原因是伊维林试图借助王权的力量成就自己的抱

---

① William Bray ed. , *The Diary of John Evelyn*, *Vol. I*, New York and London：M. Walter Dunne, pp. 12 – 16, 242.

② William Bray ed. , *The Diary of John Evelyn*, *Vol. I*, New York and London：M. Walter Dunne, pp. 37, 38.

③ William Bray ed. , *The Diary of John Evelyn*, *Vol. I*, New York and London：M. Walter Dunne, pp. 329, 333, 334.

负。伊维林提出煤烟治理的方案中，希望国王能够对治理煤烟的事务也给予足够的重视和有力的支持。他非常宏观地勾画出伦敦治理煤烟的具体方案：使燃煤工场、作坊迁向伦敦城东区，以解决燃煤污染王宫和居民社区的问题。[①] 他极力劝说国王应该高度重视煤烟污染问题。因此，在他的小册子中，他总是强调煤烟对王宫以及王室成员造成的严重影响。他首先指出关注煤烟污染问题的原因是由于煤烟对王宫产生了极大的影响，更重要的是煤烟对国王的身体健康构成了极大的危害，因而促使他写《防烟》一书；紧接着，伊维林极力赞美国王是一位对贵族建筑、花园、图画以及所有皇室富丽辉煌的物件具有深厚感情的人，肯定要想摆脱这种破坏高尚和美丽的大麻烦；除此之外，他又提及国王唯一的妹妹住在王宫里时曾经抱怨过煤烟影响了她的胸肺，由此推测国王肯定深受当下这种流行的邪恶煤烟的冒犯，对玷污王室宝座辉煌的煤烟会极为反感。[②]

更重要的是，伊维林深知查理二世国王对于煤烟的厌恶不仅带有环境、健康方面的因素[③]，也带有根深蒂固的政治因素。因为查理一世（Charles I）与一位紧邻王宫的酿酒商之间曾因煤烟而发生的纠纷是引发旷日持久的内战因素之一。在一定意义上讲这位酿酒商是将查理一世推上断头台的主要刽子手之一，并进而导致很长一段时间内英国王室一家颠沛流离。可想而知，查理二世对距离怀特霍尔的苏格兰庭院仅约 100 米、距离宴会大厅仅约 300 米的酿酒作坊及酿酒商的恨意由来已久。这说明，查理二世对伦敦烟的"憎恶"之情早已清楚地表达出来了[④]。而伊维林深知查

① John Evelyn, *Fumigugium, or The Inconveniencie of the Aer and Smoak of London Dissipated*, Exeter: The Rota at the University of Exeter, 1976, http: //www. gyford. com/archive/2009/04/28/www. geocities. com/Paris/LeftBank/1914/fumifug. html#ff_ text, 2016/08/02.

② John Evelyn, *Fumigugium, or The Inconveniencie of the Aer and Smoak of London Dissipated*, Exeter: The Rota at the University of Exeter, 1976, pp. A2 – 4. http: //www. gyford. com/archive/2009/04/28/www. geocities. com/Paris/LeftBank/1914/fumifug. html#ff_ text, 2016/08/02.

③ 据说，除了查理二世的妹妹患有呼吸道疾病之外，查理二世及其弟弟也患有类此疾病。见 William M Cavert, *The Smoke of London: Energy and Environmentin the Early Modern City*, Cambridge: Cambridge University Press, 2016。

④ William M Cavert, *The Smoke of London: Energy and Environment in the Early Modern City*, Cambridge: Cambridge University Press, 2016, p. 184.

理二世对煤烟的憎恶，其实与伊维林和查理二世在 1661 年夏天的谈话内容不无关系。自复辟以来至《防烟》一书呈现给查理二世之前，伊维林与查理二世的谈话机会并不多。尽管伊维林经常在海德公园（Hyde Park）"偶遇"查理二世，但是每次只能远观，更无法与之细谈，只有在 1661 年 4 月 24 日，伊维林向查理二世呈交了对国王的"赞美诗"之后，才于当年 5 月 14 日获得机会与查理二世进行深谈①。在此之后伊维林亦有数次与国王在一起的机会，并且他在给罗伯特·博伊尔（Robert Boyle）的信中明确指出查理二世最近向他明确地表达了对烟垃圾的憎恨之情，伊维林本人也在信中表示他试图通过《防烟》一书引导查理二世出台反烟政策②。正因如此，伊维林撰写《防烟》一书背后的深层动机其实是借助查理二世的复仇心理反对这些手工作坊释放的煤烟以成就他本人的一番抱负。因此，伊维林提出应该将所有制造煤烟的工场、作坊根据伦敦的地理位置与气候特征向东迁离当时的伦敦主城区③。这样就可以有效地阻止手工作坊释放的煤烟对王室宫殿以及王室成员健康的影响。而这样的观点也肯定会得到国王的大力支持。可见，伊维林在当时确实极力促使国王重视煤烟污染问题，然后借助王权的力量推动反烟事务。然而，国王对伊维林的治烟观点仅给予有限回应。

第二节　国王对伊维林煤烟观点的有限回应

《防烟》一书并不是一本功底深厚的学术著作，它仅仅是一本呈现作者个人对煤烟污染现象的描述和一种较感性化治理煤烟的宣传小册子，并

---

① Austin Dobson ed., *The Diary of John Evelyn*, Vol. II, London: Macmillan and Co., Limited, 1906, pp. 144 – 172.

② William Bray ed., *Diary and Correspondence of John Evelyn: To Which is Subjoined the Private Correspondence between King Charles I and Sir Edward Nicholas, and between Sir Edward Hyde, Afterwards Earl of Clarendon, And Sir Richard Browne*, Vol. III, London: Henry Colburn & Co., 1857, p. 133.

③ John Evelyn, *Fumigugium, or The Inconveniencie of the Aer and Smoak of London Dissipated*, Exeter: The Rota at the University of Exeter, 1976. http://www.gyford.com/archive/2009/04/28/www.geocities.com/Paris/LeftBank/1914/fumifug.html#ff_text, 2016/08/02.

没有多么严密的科学论证和逻辑推理。它符合短时期完成的特点。因此，1661 年 9 月 13 日，当伊维林将《防烟》的书稿呈递给查理二世时，国王对此表示非常满意，不仅如此，查理二世还亲自建议伊维林应该通过他的特别命令出版它①。查理二世还在以后的几次与伊维林的单独谈话中给出具体的建议：应该将《防烟》修改为一项议案准备在 1662 年春季提交议会；不久，伊维林曾提及一份关于禁止烟垃圾的草案，然而该草案并没有提交议会，而伊维林的日记中根本看不到他在准备议案的动向②。查理二世需要的是有人对伦敦煤烟提出反对的声音，至于《防烟》一书规划的具体措施，国王明确表示应该通过议会讨论后由议会决定是否推行。由此可见，国王对伊维林的防烟措施的支持是有限的。

与此同时，查理二世本人仅仅就力所能及的一些煤烟污染问题加以解决。如，1664 年，来自西南华克（Southwark）的一位居民向枢密院递交了一份请愿书，请求禁止在他的居民区附近建造玻璃厂，因为那个地区已有的两家玻璃厂释放出大量的煤烟对当地居民造成了极大的困扰，而厂方则不同意禁止建厂的抗议。最终，枢密院使用强制执行命令反对在此建设新厂房，并派出德勒姆将军（General Denham）作为调查员监管此事③。另外一件事，则是与怀特霍尔宫紧邻的一家酿酒坊（这也是伊维林在《防烟》中描述的对王宫影响较大的一家酿酒坊）被枢密院告知其释放的大量煤烟对国王及其他人的健康造成很大的伤害，要求它另找地方搬离此地。这位叫作约翰·布利顿（John Breedon）的酿酒商几乎没有什么抵抗就同意搬离④。查理二世借助《防烟》造成的反烟影响，亦通过温和的手段成功地将此酿酒坊迁离原地，从行动上支持了伊维林治理煤烟的观点。

---

① William Bray ed. , *The Diary of John Evelyn*, *Vol. I*, New York and London：M. Walter Dunne, 1901, p. 349.

② Austin Dobson ed. , *The Diary of John Evelyn*, *Vol. II*, London：Macmillan and Co. , Limited, 1906, pp. 172 – 182.

③ William M Cavert, *The Smoke of London：Energy and Environment in the Early Modern City*, Cambridge：Cambridge University Press, 2016, pp. 187 – 188.

④ Edward Raymond Turner ed. *The Privy Council of England in the Seventeenth and Eighteenth Centuries*, *1603 – 1784*, *Vol. 2*, Baltimore：The Johns Hopkins press, 1927 – 28, p. 146.

国王亦比较关注伊维林对治理煤烟做出的各种努力。伊维林不仅在《防烟》一书中提出治理煤烟的几种方案，而且，他私下里长期试图研发一种可代替煤炭的"新燃料"。伊维林曾说早在 1664 年他在另一本专著《森林志》（*Sylva*）中描述过关于燃料的"研究成果"了。而在 1667 年 7 月 2 日，国王曾向阿灵顿勋爵询问新燃料。7 月 8 日的时候，伊维林向布里尔顿勋爵展示了自己的"新燃料"——一种容易燃烧，没有烟也没有难闻气味的木炭。① 他的研究引起了国王的高度关注。国王曾在 1667 年就下令枢密院会议室只能使用木炭，以防煤烟造成长期的污染。

　　国王支持伊维林关于城市规划的建议，某种程度上支持了他关于手工业作坊区与住宅区隔离的观点。1662 年 1 月 24 日，查理二世准备修建格林威治宫殿，彻底摧毁旧宫殿，要求伊维林给出具体的建议②。同年 5 月 14 日，查理二世还委任伊维林为伦敦城规划理事会理事之一。这一工作的主要任务是改造建筑物、道路、街道以及障碍物，规范伦敦城里的出租马车③。关于修建伦敦城和威斯敏斯特城以及附近的公路的内容，1662 年 1 月 14 日英国下院的议案内容亦印证了这种情况④。但是从上述事务来看，国王对伊维林的信任和支持仅限于无损于各方利益的事务方面。

　　此外，伦敦大瘟疫以及接踵而来的伦敦大火也成为国王支持伊维林重新规划伦敦城的契机。1665 年春开始爆发的伦敦大瘟疫一直持续了将近一年。随着时间的推移瘟疫导致伦敦居民的死亡人数快速上升，从刚开始的几人，到每周死亡数达到几千，再到 9 月上旬每周死亡人数达到 10000 人⑤。瘟疫

---

　　① William Bray ed.，*The Diary of John Evelyn*，Vol. II，New York and London：M. Walter Dunne，1901，p. 35.

　　② William Bray ed.，*The Diary of John Evelyn*，Vol. I，New York and London：M. Walter Dunne，1901，p. 356.

　　③ William Bray ed.，*The Diary of John Evelyn*，Vol. I，New York and London：M. Walter Dunne，1901，p. 357.

　　④ Great Britain. House of Commons，*Journal of the House of Commons：Volume 8，1660 - 1667*，London：His Majesty's Stationery Office，1802，p. 345.

　　⑤ William Bray ed.，*The Diary of John Evelyn*，Vol. II，New York and London：M. Walter Dunne，1901，pp. 8 - 9.

期间，官方公布的伦敦死亡人数数据为 68596，实际人数达到 10 万左右，约 15% 的伦敦居民死亡。人们曾对瘟疫的起源有各种解释。当时，国王召集的医生中就有人指出此次瘟疫是瘴气导致的，有说毒气所致①。1665 年 5 月的时候，国王命令枢密院相关理事会清理当时传播瘟疫较严重教区的一条非常肮脏恶心的水渠②。瘟疫亦使大多数人开始考虑太过拥挤的生活空间以及过于密集的人口对居民健康构成的威胁③。因此，瘟疫过后，政府的重建工作也注意到拓展与规划城市空间。1666 年伊维林被任命为皇家协会成员，与此同时，他被任命为圣保罗教堂维修工程的检查员之一④。这些工作对伊维林所提倡的治烟措施——迁离一些有污染的建筑的观点提供了客观条件。

伦敦城的瘟疫还在蔓延时，又一场灾难降临在伦敦居民的头上了。1666 年 9 月 2 日，伦敦突发的一场火灾持续了近十天，大火导致约有 12000 多座建筑被毁。伊维林看到曾受自己抨击的大量商店建筑以及码头的煤炭、木材燃起的大火，痛心疾首⑤。火灾过后，伊维林向查理二世呈交了一份大火毁坏的调查，以及一份详细的新城设计图，并且得到国王的认可⑥。灾难过后，查理二世委派枢密院的一个理事委员会负责伦敦城的

---

① Royal College of Physicians of London, *Certain Necessary Directions as Well for the Cure of the Plague, as for Preventing the Infection: With Many Easie Medicines of Small Charge, Very Profitable to His Majesties Subjects*, London: Harvard Open Collection, 1665, p. 13., https://iiif.lib.harvard.edu/manifests/view/drs: 7322582 $ 56i, 2019 - 1 - 26.

② Edward Raymond Turner ed. *The Privy Council of England in the Seventeenth and Eighteenth Centuries, 1603 - 1784, Vol. 2*, Baltimore: The Johns Hopkins press, 1927 - 28, p. 147.

③ Nathaniel Hodges, *Loimologia, or, An historical account of the plague in London in 1665: With precautionary directions against the like contagion*, London: E. Bell, and J. Osborn, 1720, pp. 206 - 208.

④ William Bray ed., *The Diary of John Evelyn, Vol. II*, New York and London: M. Walter Dunne, 1901, p. 250.

⑤ William Bray ed., *The Diary of John Evelyn, Vol. II*, New York and London: M. Walter Dunne, 1901, p. 255.

⑥ William Bray ed., *The Diary of John Evelyn, Vol. II*, New York and London: M. Walter Dunne, 1901, p. 260.

重建工作，并且，整个枢密院也积极地投入重建事务中①。伊维林参与了此次重建工作②。

上述情况表明查理二世对伊维林治理煤烟和城市规划观点的认可以及有限支持。因为，查理二世的回归并不代表英国需要一位权力无边的国王，而是议会需要一位及时判定利益集团争权夺利的仲裁者。③ 查理二世接受了议会的邀请，实际上也是他本人审时度势与议会及新贵及时妥协的结果。早在内战时，王权已遭到严重剥夺，即使王朝复辟，这些权力仍没有得到恢复，如特权法院和它们所采用的罗马法、内战时被取缔的星室法庭和高等委任法院仍无法复设，最主要的是征税权仍由议会掌握④。国王没有财政掌控权就没有任何能力决定国家的重人事务。因此，关于拆迁污染性作坊一事，复辟的斯图亚特国王们并没有决定权。原因非常明显，随着伦敦人口的增长，越来越多的商家聚集在伦敦，为伦敦居民提供各种各样的日常用品。这些商家中有啤酒酿造、煮盐、炼糖、制皂、蒸馏、烘焙、烧砖、制造瓷器、玻璃制造、制陶、石膏、金属熔铸、铝、铜、硝石、造纸、淀粉、纺织、印染、轧光、漂白等手工行业。这些行业大多已使用燃煤。1611 年 2 月 26 日的一份文件显示，玻璃制造业早已开始使用燃煤。⑤ 这些行业的规模随着人口的扩大而遍及整个城市的各个角落。如伦敦酿酒商的人数从 1585 年的 26 名增加到 1699 年的 194 名，每年酿酒 5000 桶，而 1696 年伦敦一位酿酒商每年燃烧的煤炭，估计已达到 600—

① Edward Raymond Turner ed. , *The Privy Council of England in the Seventeenth and Eighteenth Centuries，1603 - 1784，Vol. 2*，Baltimore：The Johns Hopkins press，1927 - 28，p. 147.

② William Bray ed. , *The Diary of John Evelyn，Vol. II*，New York and London：M. Walter Dunne，1901，p. 260.

③ 关于这一点详见［英］屈勒味林《英国史》（下），钱端升译，红旗出版社 2017 年版，第 388—389 页。

④ ［英］屈勒味林：《英国史》（下），钱端升译，红旗出版社 2017 年版，第 389 页。

⑤ Mary Anne Everett Green，ed. , *Calendar of State Papers，Domestic Series，James I. 1611 - 1618，Preserved in the State Paper Department of the Majesty's Public Record Office*，London：Longman，Brown，Green，Longmans &Roberts，1858，p. 13

750 吨。① 除此之外，一些以前被禁止使用燃煤的特殊行业也纷纷转向燃煤。如 1692 年 12 月 6 日和 14 日，伦敦的商人向议会请愿，要求使用煤炭进行熔铁和铸铁，以提高英国的铸铁质量，以及节约大量用于铸铁的木材。② 这项请愿最终获得议会的批准。随着手工业大规模兴起，这一时期伦敦的燃煤量迅速增加。1575—1580 年，泰晤士河谷煤炭年消费量 1.2 万吨，占东部和东南部市场总量的 29%。到 1685—1699 年，泰晤士河谷煤炭年消费量上升到 45.5 万吨，占东部和东南部消费市场的 66%。③ 而当伦敦城的手工业作坊遍及整个伦敦市时，王室根本无力支付大量的搬迁费用。由此可知，国王无论如何无法支持伊维林迁离手工业作坊治理煤烟的措施。

由此可见，伊维林关于治理煤烟与伦敦城的区域规划观点在一定程度上得到了查理二世的肯定，但是，面对涉及面广泛的污染问题以及重建工作，查理二世根本无力掌控。因为英国国王无法获得议会财政的大力支持去改变手工作坊的布局。另一方面，查理二世执政初期亟待解决的问题并不是煤烟和城市规划，而是借助战争获得更多的钱财。

第三节 国王对财税的极力追求

查理二世通过与议会的妥协才获得了英国王位宝座。而特权法院、星室法庭和高等委任法院早已被议会取缔。而王室早在内战时也失去了征税权，这导致查理二世继位之后，王室财政常常捉襟见肘。因此，查理二世首要解决的问题是获得足够多的税收份额以处理军队问题和其他亟待解决

---

① John Hatcher, *The History of the British Coal Industry*, *Volume 1: Before 1700: Towards the Age of Coal*, Oxford: Clarendon Press, 1993, pp. 439, 441.

② William John Hardy, ed., *Calendar of State Papers*, *Domestic Series*, *of the Reign of William and Mary*, *1st November 1691 – End of 1692*, London: Her Majesty Stationery Office, 1900, pp. 518, 523, 524.

③ J. U. Nef, *The Rise of the British Coal Industry*, *Vol. I*, London: George Routledge &Sons, LTD., 1932, p. 80.

的事务。1660 年 5 月，国王返回伦敦之后，最主要的是与议会协商军队遣散赔偿费发放事宜。几乎整个夏天，议会两院主要讨论关于国王要求补偿海陆军的遣散费用的事宜①。1660 年 9 月 4 日，英国议会承诺每年给国王提供 120 万英镑的税收支持。这些税收构成为：关税（The Customs），每年 40 万英镑；法庭收入（The Composition for the Court of Wards），10 万英镑；农业和租赁业的税收（The Revenues of Farms and Rents），26.359 万英镑；邮资办公室的收入（The Office of Postage），2.15 万英镑；迪恩森林的收益（The Proceeds of Deane Forest），0.4 万英镑；海煤出口税（The Imposition on Sea‐Coal exported），每年 0.8 万英镑；葡萄酒许可以及其他增加税（Wine Licences and other Additions），2.23 万英镑；共计 81.9393 万英镑；再增加其他税收收入，每年共计 120 万英镑②。这一数目看起来是英格兰历代君王从来不曾超过的额度，但是，查理二世继位后英国很快深陷欧洲战乱，如果在此之前，英格兰舰队和其他各项开支只需要八万镑，此时则需要八十万镑；而议会确定每年拨给国王一百二十万镑的数，实际很少实发此数的三分之二。③ 这就使查理二世始终将获取钱财放在执政的首要位置。

在英国议会为王室每年的拨款中，一部分是对啤酒征收的消费税，而啤酒酿造业恰恰是煤烟污染大户。如，1660 年 9 月 13 日，下院接到通知，伦敦的酿酒商爱德华·拉特麦克（Edward Lightmaker）被消费专员判定为隐瞒实际货物量：该商人没有对 1660 年 6 月 23 日—1660 年 9 月 18 日的啤

① Great Britain. Parliament, *The Parliamentary History of England, from the Earliest Period to the Year 1803*, Vol. Ⅳ, *A. D. 1660–1668*, London: Longman, Hurst, Rees, Orme, &Brown; J. Richardson; Black, Parry, & Co.; J. Hatchard; J. Ridgway; E. Jeffery; J. Booker; J. Rodwell; Cradock & Joy; R. H. Evans; J. Budd; J. Booth; and T. C. Hansard, 1808, pp. 73–111.

② Great Britain. Parliament, *The Parliamentary History of England, from the Earliest Period to the Year 1803*, Vol. Ⅳ, *A. D. 1660–1668*, London: Longman, Hurst, Rees, Orme, &Brown; J. Richardson; Black, Parry, & Co.; J. Hatchard; J. Ridgway; E. Jeffery; J. Booker; J. Rodwell; Cradock & Joy; R. H. Evans; J. Budd; J. Booth; and T. C. Hansard, 1808, p. 118.

③ ［英］大卫·休谟：《英国史Ⅵ：克伦威尔到光荣革命》，刘仲敬译，吉林出版集团有限责任公司 2013 年版，第 119 页。

酒、浓啤酒付消费税；因此，消费专员通过扣押财物作为惩罚，议会则将扣押财物调整为不可归还之物，并最终为国王使用①。1660 年 12 月 21 日，下院讨论准备对包括公共酿酒商、啤酒商等酿造或出售的任何浓啤酒、啤酒或任何其他烈性酒，收取消费税②。查理二世时期，伦敦大多数啤酒作坊已使用燃煤，无论议会还是国王并没有因释放煤烟而对酿酒坊提出异议。相反，议会经常会因消费税问题而惩罚啤酒商。由此可见，查理二世复辟之初其主要任务是解决王室收入，并且针对煤炭的税收仅是以货物消费量而定，并不是针对煤烟或城市规划问题。

国王借款导致煤烟炉税收的产生。1661 年 2 月 18 日，查理二世对经费的需求导致他要求下院批准他本人预支经费，并承诺将对此返还 10% 的利率③。此举在下院引起激烈的争论。1661 年 3 月 1 日，与上次借钱的时间仅过去了十天，查理二世又一次要求下院同情他的处境增加他的税收份额，其理由则是他的妻子即将从葡萄牙到达伦敦，而当时伦敦的道路状况非常差，他希望修补被水包围的怀特霍尔宫（Whitehall）周围的路，以便他本人体面地迎接他的妻子④。在国王频繁的请求下，下院也给予了积极的回应。这一次，下院准备通过征收煤烟炉税收给国王补齐曾答应给他的 120 万英镑的年收入：1661 年 3 月 1 日，下院引入一则议案，商讨针对全国煤烟炉征税以增加国王的税收⑤，并且，在经过下院讨论之后，于 1661

---

① Great Britain. House of Commons, *Journal of the House of Commons: Volume 8, 1660 - 1667*, London: His Majesty's Stationery Office, 1802, p. 169.

② Great Britain. House of Commons, *Journal of the House of Commons: Volume 8, 1660 - 1667*, London: His Majesty's Stationery Office, 1802, pp. 221 - 222.

③ Great Britain. Parliament, *The Parliamentary History of England, from the Earliest Period to the Year 1803*, Vol. IV, A. D. 1660 - 1668, London: Longman, Hurst, Rees, Orme, &Brown; J. Richardson; Black, Parry, &Co.; J. Hatchard; J. Ridgway; E. Jeffery; J. Booker; J. Rodwell; Cradock & Joy; R. H. Evans; J. Budd; J. Booth; and T. C. Hansard, 1808, p. 230.

④ Great Britain. Parliament, *The Parliamentary History of England, from the Earliest Period to the Year 1803*, Vol. IV, A. D. 1660 - 1668, London: Longman, Hurst, Rees, Orme, &Brown; J. Richardson; Black, Parry, &Co.; J. Hatchard; J. Ridgway; E. Jeffery; J. Booker; J. Rodwell; Cradock & Joy; R. H. Evans; J. Budd; J. Booth; and T. C. Hansard, 1808, p. 230.

⑤ Great Britain. House of Commons, *Journal of the House of Commons: Volume 8, 1660 - 1667*, London: His Majesty's Stationery Office, 1802, p. 376.

年3月10日以115票赞成，98票反对而通过该议案，并且规定这种税收每年分两次征收[1]。煤烟炉税，是一种针对所有民众的财富所征的税收，而不是针对燃煤作坊燃烧煤炭释放煤烟而征收的环境污染税。这样，国王的年收入中三分之一的份额是来自煤烟炉。可想而知，无论查理二世如何"憎恨"煤烟，国王是绝不会放弃如此丰厚的收入而去惹怒这些金主的。查理二世本人也明确提出这一阶段优先考虑的主要事务为税收、民兵以及公路事务，在这些问题没有结束之前其他一切事务均不考虑[2]。这些事务是查理二世继位之初面临的主要问题。我们可从1662年的数据中看出：1662年3月31日，下院对国王下一年税收进行估算，收入情况如下：

关税：45万英镑；消费税：40万英镑；王室土地：10万英镑；农场邮局：2.15万英镑；葡萄酒执照：1.5万英镑；第一果和什一税（First Fruits and Tenths）：1.8811万英镑；煤炭：0.8万英镑；迪恩森林：0.1万英镑；让渡：0.3万英镑；文件箱：0.4万英镑；邮政罚款（Post - Fines）0.1万英镑；绿蜡烛（Green - Wax）：0.1万英镑；法律事务（Issues of Jurous）：0.1万英镑……共估计：120.1593万英镑。而收入分配事项中仅海军军备库就已占掉60万英镑；卫兵：12万英镑；卫戍部队：8万英镑……共计143.7万英镑[3]。

由此可见，从一开始，查理二世的收支处在完全失衡状态。

查理二世的头等大事始终是向议会不屈不挠地讨要经费进行战争。不仅如此，从1664年开始，查理二世被迫准备针对荷兰的战争。这一次，狂

---

① Great Britain. House of Commons, *Journal of the House of Commons: Volume 8, 1660 - 1667*, London：His Majesty's Stationery Office, 1802, p. 383.

② Great Britain. House of Commons, *Journal of the House of Commons: Volume 8, 1660 - 1667*, London：His Majesty's Stationery Office, 1802, p. 378

③ William Cobbett, ed., *Cobbett's Parliamentary History of England; From the Norman Conquest, in 1066 to the Year 1803. from Which Last - Mentioned Epoch It Is Continued Downwards in the Work Entitled, "Cobbett's Parliamenta, Vol. IV, comprising the period from the Restoration of Charles the Second, in 1660, to the Revolution, in 1688*, London：R. Bagshaw, 1808, pp. 265 - 266.

热的议员非常痛快地通过了在三年之内给国王增加 247.75 万英镑开支的议案，但是这些经费是分 12 个季度发放给国王的①。1665 年 10 月，议会再次给国王承诺将在两年内增加 125 万英镑的皇家援助费用②。到 1666 年 9 月，议员们对国王消极抗战的态度开始怀疑，因此，拒绝对国王拨款，并要求审核花费的项目和钱数。③ 由此可见，议会对国王关于经费的要求非常敏感。

查理二世不仅不禁止煤烟释放，而且还对输入伦敦城的煤炭进行征税以解决 1666 年 9 月伦敦火灾对该城建筑造成的破坏。查理二世与议会就启动伦敦城重建的计划与费用等问题进行磋商。这一次，议会答应给予查理二世一定的款项：从输入伦敦城的煤炭中连续 10 年征收每查尔德隆 12 便士的税收，用于重建工作，并且提出规范新建筑的议案，拓宽伦敦城的一些街道，清除障碍等④。我们看到，这一次议会同意对运入伦敦港的煤炭征收税收，其目的仍然与煤烟无关，而是与灾后伦敦城的重建费用相关。

而当第二次英荷战争结束后，查理二世要求议会增加费用时，几乎导致整个议会下院议员对国王的反对。如 1675 年当查理二世想要获得议会的资助时，约翰·何兰（Sir John Holland）直言国王的债务如此巨大，是对

---

① Great Britain Parliament, *The Parliamentary History of England, from the Earliest Period to the Year 1803*, Vol. Ⅳ, *A. D. 1660 – 1668*, London: Longman, Hurst, Rees, Orme, &Brown; J. Richardson; Black, Parry, & Co.; J. Hatchard; J. Ridgway; E. Jeffery; J. Booker; J. Rodwell; Cradock & Joy; R. H. Evans; J. Budd; J. Booth; and T. C. Hansard, 1808, p. 308.

② Great Britain. Parliament, *The Parliamentary History of England, from the Earliest Period to the Year 1803*, Vol. Ⅳ, *A. D. 1660 – 1668*, London: Longman, Hurst, Rees, Orme, &Brown; J. Richardson; Black, Parry, & Co.; J. Hatchard; J. Ridgway; E. Jeffery; J. Booker; J. Rodwell; Cradock & Joy; R. H. Evans; J. Budd; J. Booth; and T. C. Hansard, 1808, p. 329.

③ Great Britain. Parliament, *The Parliamentary History of England, from the Earliest Period to the Year 1803*, Vol. Ⅳ, *A. D. 1660 – 1668*, London: Longman, Hurst, Rees, Orme, &Brown; J. Richardson; Black, Parry, & Co.; J. Hatchard; J. Ridgway; E. Jeffery; J. Booker; J. Rodwell; Cradock & Joy; R. H. Evans; J. Budd; J. Booth; and T. C. Hansard, 1808, p. 335.

④ Great Britain. Parliament, *The Parliamentary History of England, from the Earliest Period to the Year 1803*, Vol. Ⅳ, *A. D. 1660 – 1668*, London: Longman, Hurst, Rees, Orme, &Brown; J. Richardson; Black, Parry, & Co.; J. Hatchard; J. Ridgway; E. Jeffery; J. Booker; J. Rodwell; Cradock & Joy; R. H. Evans; J. Budd; J. Booth; and T. C. Hansard, 1808, pp. 349 – 350.

民众的摧毁，并且威胁逮捕将费用超支的人。① 查理二世于 1678 年 6 月 18 日又要求议会下院每年额外增加 30 万税收以保障他通过与法国的战争获得佛兰德斯（Flanders）。对此要求，议会内部几乎全是反对之声②。

由此可见，查理二世终其一生，始终追求各种各样的费用与治理伦敦城的煤烟没有相关性。而这些费用要么用在查理二世本人的生活享乐方面，要么用在军队维护与军事战争方面。国王对煤烟的"憎恨情绪"始终不占其享乐生活的中心地位。而伊维林作为王党成员，希望借助复辟的查理二世成就自己治理煤烟的抱负只能以失败告终。正如大卫·休谟所言："比较热忱的保王党家道沦落、一贫如洗，不能支持国王的举措。因此，国王觉得他们只是无用的累赘。许多人以虚假或荒谬的理由索取酬劳。国王天性懒散，不愿费事严格调查核实，一概淡然处之，国会多少有些关心贫困的骑士党，一度拨款六万镑，分发给他们。国王赠给雷恩夫人和彭德雷尔一家丰厚的礼物和年金。然而，大多数保王党仍然贫困潦倒。残酷的现实践踏了他们乐观的希望。他们看到宿敌死仇飞黄腾达，更加失望。他们提到《赦免和遗忘法案》，普遍称之为：赦免国王的敌人，遗忘他的朋友。"③ 伊维林也是大多数无用的保王党之一，只能接受被查理二世遗忘的历史事实。

结　语

约翰·伊维林所在的时代恰逢英国政治大变革时期。作为忠实的保王

---

① Great Britain. Parliament, *The Parliamentary History of England*, *from the Earliest Period to the Year 1803*, Vol. Ⅳ, A. D. 1660 - 1668, London：Longman, Hurst, Rees, Orme, &Brown；J. Richardson；Black, Parry, & Co. ；J. Hatchard；J. Ridgway；E. Jeffery；J. Booker；J. Rodwell；Cradock & Joy；R. H. Evans；J. Budd；J. Booth；and T. C. Hansard, 1808, pp. 746 - 747.

② Great Britain. Parliament, *The Parliamentary History of England*, *from the Earliest Period to the Year 1803*, Vol. Ⅳ, A. D. 1660 - 1668, London：Longman, Hurst, Rees, Orme, &Brown；J. Richardson；Black, Parry, & Co. ；J. Hatchard；J. Ridgway；E. Jeffery；J. Booker；J. Rodwell；Cradock & Joy；R. H. Evans；J. Budd；J. Booth；and T. C. Hansard, 1808, pp. 994 - 1000.

③ ［英］大卫·休谟著，刘敬仲译：《英国史Ⅵ：克伦威尔到光荣革命》，吉林出版集团有限责任公司2012年版，第140—141页。

党分子，伊维林对国王权力的迷恋溢于言表。然而这位游走在查理二世身边的小人物，在急速变化的时局，一心想借助国王的权力成就自己的事业。然而，他并没有看清权力的核心已经过共和时代的革命发生了变更——国王已退出了权力的核心，议会才是王道！然而，议会既是一个讲究等级，同时又是一个追求群体利益的混合体。因此，伊维林的治烟理念、城市规划的方案一方面其操作性不太成熟，另一方面，主要会动了谁的奶酪是不言而喻的。

查理二世的复辟在英国历史上本身就是妥协的产物。因此，对于查理二世本人而言，能成为英国国王实属意想不到的事情。因此，与议会妥协，吸取其父查理一世的失败教训是他能够作为国王的本分。因此，在查理二世时期，他本人很少与议会翻脸。即使与王宫附近酿酒坊的交涉，他都是通过枢密院大臣帮助作坊主找好地方，并偿付一定的赔款。这种圆满的处理方式可谓皆大欢喜。至于"憎恨"煤烟一事，很大程度上是憎恨将其父亲推上断头台的事件本身，当然也有他本人对煤烟的厌恶之情。但是，查理二世继位之初深受议会税收拨款的制约，他追求作为国王享有的财款额度不应受议会限制，煤烟治理绝不是他要面对的事务。

17 世纪后期的英国议会，其权力已经过英国革命得以巩固。因此，当查理二世复辟时，议会只不过想要一个由它主导下的领头羊或裁判官。一旦国王有违议会原则，议会一定会抛弃他，另选他人。1649 年的革命以及 1689 年的光荣革命已经证明了这一事实。因此，当议会的主要目的在于谋求更多利益时，国王的一切追求不得违背这一原则。从这一点出发，也可以理解伊维林理想主义的观点与议会的追求目标格格不入，而国王对煤烟问题也只能熟视无睹。

总之，伊维林的治烟理念在 17 世纪后期的英国无法实施。这一时期，煤烟还没有成为让人们忍无可忍的事物，燃煤才刚刚开始被普及，它还没有造成非常明显的负面影响。大多数手工作坊主或工厂主的燃料越来越依靠煤炭。伊维林要想将这些盘根错节的手工作坊剔除出居民住宅区实际上在当时的英国是非常不切实际的。首先，英国的手工业作坊的数量越来越多，尤其以伦敦城为最；其次，这些手工作坊主要生产城市居民的生活必需品，在交通设施没有改变的前提下它们离不开居民区，而绝大多数居民的生活也离不开这些手工作坊的产品。如此情境下，国王的宫殿和平民的住宅均要遭受这些煤烟的影响。伊维林提出迁离手工作坊的想法在当时根本不是王室力量所能触碰的。议会早已成为主政英国国内事务的主要力量，国王一方面已无多少特权可以号令如此庞大的手工业作坊迁离，另一方面，查理二世上台之后，非常迫切的事务是军队何去何从，王室经费落实问题，随后，便有持续不断的战事威胁，以及伦敦城的瘟疫、火灾、天主教与国教之间的矛盾等事务，根本无暇顾及煤烟事务。以伊维林为代表的这些保王党人无法为国王分忧解难，查理二世不得不放弃这一忠心耿耿的群体。至于执政短短数年的詹姆斯二世深陷议会与信仰冲突的宗教争端中，最终被议会驱逐出境。而威廉三世则深知与议会的界限，从不纠缠煤烟事务。由此可见，伊维林竭尽全力想依靠查理二世的力量来推进自己治理城市煤烟的目的，在 17 世纪的英国是无法实现的，究其原因一句话，王权已经深受限制，议会的利益无法撼动。而这一目标的实现还要推迟三百年。

本篇小结

本篇主要考察了 17 世纪三位在手工业作坊煤烟污染治理方面引人关注的主要人物提出的煤烟治理的理念、特点、原因、结果，并分析造成这种结果的主要原因。通过本章的考察得出以下结论：

首先，威廉·劳德大主教所处的 17 世纪王权与教会权力逐渐衰落，议会权力逐渐扩大。在伊丽莎白一世时期还实行王室授予议会贸易许可证方可进行商贸活动，但是，斯图亚特朝詹姆斯一世时期，议会已经将更多的贸易许可权握在手中。以麦芽酒、啤酒等酿造经营为例，最初这类产品主要是王室授权，到查理一世后期，这类产品的授权五花八门，有市政方面的、有王室授予个人的特权、有某些神学院院长或学校校长的许可证等。尽管有一些产品仍为王室专有经营，如硝石、火药等产品，但是如果这类产品影响到其他人的权利，它同样也要被投诉等。

在精神领域，自亨利八世宗教改革确立英国国教以来，英国本土逐渐形成了国教改革派——清教徒，而 16 世纪加尔文主义、路德主义的传播已渐成气候，这两种教派的教义与文艺复兴时期提倡的人性化主张一起主要对中下层民众产生极大的影响，因为它们的主旨思想强调个人在信仰方面的能动性，不需要教会、不需要神父的指引与转述。让更多的人感受到在上帝面前自己与神父的地位一样重要。由此可见，当越来越多的民众参与到社会活动中时，他们的利益诉求也越来越多。然而，在这样的大背景下，无论查理一世还是威廉·劳德均没有认清历史发展的步伐，他们仍然以国王的特权为核心，以宗教教仪与教义的一致性和统一性为宗旨，号令整个英国民众严格遵守，很显然不合时宜，劳德的煤烟治理不得不以失败告终，并因此而付出更惨重的代价。

其次，肯内尔姆·迪格比主要通过自己所学的炼金术知识以及对煤烟属性的猜想认为煤烟具有极强的破坏作用。由于当时新兴的化学学科还处在炼金术的水平，人们无法通过严密的化学实验步骤对这一物质有非常清晰的认知，也就无从对煤烟污染进行全面而有效地治理了。因此，迪格比并没有提出一种实际的、可操作的方案。他建议人们应该到那些没有煤烟污染的地方接触阳光有益于身心健康，除此之外，似乎别无良方。然而，迪格比对伦敦煤烟的认识一方面肯定了劳德当年煤烟治理的合理性，又启发了伊维林治理煤烟的思想。迪格比应用原子论的方法分析煤烟污染对后世人们研究煤烟具有一定的启发意义。到19世纪时，越来越多的学者通过化学实验分析煤烟的构成以找到可操作的消除煤烟的方法。

其次，约翰·伊维林提出煤烟治理的时期是在劳德被逮捕20年、被处死16年之后，是在查理一世被处死12年之后，也是迪格比关于煤烟的专著发表多年之后。也就是说，英国内战以议会的胜利而收场，议会在很大程度上掌握着英国重要事务的决策权，这是最明显的事实。尽管议会后来迎回国王，然而，查理二世时期的王权显然是在遵守议会的契约之上建立的。也就是说，国王承认议会的权力。然而，伊维林仍然试图借助国王的权力治理煤烟，这种出发点与劳德如出一辙。如果说劳德是因为无法准确判断形势、又想仰仗王权维护自己神学领袖的地位一味地对国王言听计从，导致失败的结局，伊维林则是完全出于攀附权贵的心理，希望借助国王之力大展宏图。可惜查理二世的追求并不是治理煤烟，他也吸取了查理一世的教训，他不想与议会翻脸。因此，伊维林治理煤烟的结局也就以失败告终。相对劳德而言，伊维林的煤烟治理仅形成一种方案，可谓"纸上谈兵"，他并没有对某一个人或某一群体的利益造成事实上的损失。几位酿酒商搬离王宫附近时，国王事先安排枢密院为其找到合适的新地址，又进行一定的经济补偿，双方均自愿接受这种契约条件；劳德则完全通过暴力与特权恐吓对酿酒商进行欺诈性的惩罚，不仅让商人们从情感上接受不了，也让他们失去了巨额财富。从这个角度看劳德与查理一世被相继推上断头台，是完全有原因的；而对伊维林而言，仅仅落得个怀才不遇的郁闷而已，查理二世既达到自己对王宫附近酿酒馆的铲除的目的，也并没有与议会因此事而生嫌隙。

最后，劳德、迪格比与伊维林对英国手工业作坊煤烟治理均具有开创性的功绩。劳德意识到含硫煤烟对建筑物的腐蚀与污染。因此，他开启了建立无烟区的步伐。迪格比将劳德的思想理论化，提出了更为前沿的煤烟原子论，让人们认识到这种原子的属性具有极强的破坏性；而伊维林则利用迪格比的原子论思想使劳德的治烟方案更加清晰，更加系统，直接提出建立一个工业区和居民居住区的战略构想，尽管这种理念受条件限制在当时没有实现。然而，它却是引导英国治理煤烟的基本思路，并且在20世纪50年代之后，人们开始将这种理念变为现实。

总之，无论是劳德大主教、学者迪格比还是约翰·伊维林均想通过自己的力量解决当时英国手工业作坊煤烟产生的麻烦。随后的英国逐渐地走向机械化燃煤时代，也拉开了全面污染的序幕。议会力量越来越代表资本利益，煤烟问题更是牵扯到复杂的群体利益。因此，随后的几百年时间里，治理煤烟的理念和法律迟迟无法达成共识，英国民众也就无法绕开煤烟污染的困境。然而，即使如此，英国民众仍然通过智慧、勇气和群体的力量一步一步地解决他们面临的煤烟问题。

工业化时期英国局部的煤烟治理

上篇我们考察了威廉·劳德、肯内尔姆·迪格比、约翰·伊维林三位人物与煤烟治理相关的内容，这三位人物相互关联同时又在不同时期分别提出伦敦煤烟的治理措施、思想以及方案，指出了 17 世纪英国煤烟治理失败的主要原因在于：尽管煤烟对英国建筑、城市居民的健康等构成了一定的威胁，但是由于威廉·劳德代表的王室特权受到限制，仅维护王权威仪的做法受到了议会的遏制；而劳德的学生迪格比对煤烟的认知出于对学术的追求，也出于维护劳德的声誉；伊维林治理煤烟的方案从表面上看似更加合理，然而他对煤烟的认知借鉴了迪格比的学说，同时对煤烟的治理方案借鉴了劳德的措施，仍然依靠复辟王权的力量治理煤烟的做法注定得不到有力的支持。由此可知，17 世纪英国的煤烟治理因时局、认知的有限性和治理方案不当以失败告终。这就将煤烟对英国民众以及英国环境的威胁继续推向更深层次、更大范围。

1688 年光荣革命后，英国海外贸易的空前兴盛导致大量的英国民众围绕海外市场的需求调整自己经营的地产经济和职业选向。因此，英国原有的土地制度在面对这种时代大变革时便发生了较大的变化。不仅圈地行为成风，以至于到 19 世纪中期开始形成议会合法圈地的局面，而且，地产经营项目也从传统转向了以市场需求为主①。这种情况一方面使得大量人口

---

① 参见高麦爱《18—19 世纪中叶英国土地流转的特点——以考克家族的地产经营为中心的考察》，《史学月刊》2016 年第 10 期。

涌向城市寻求发展机会；一方面，林地改变为牧场造成木材的缺乏导致越来越多的英国居民依靠燃煤解决温饱问题。

17世纪中期，伦敦有40万居民，到17世纪末，已上升到57.5万人，18世纪中期又增至67.5万人，而到19世纪初人口规模已达到百万[1]。伦敦人口的增多，自然带动生活需求的增加，燃煤量随着需求的加大而增大。17世纪中期，伦敦的燃煤量达到27.5万吨，占东部和东南部市场总量的65%，而其他地区则随着人口的减少燃煤量也成倍减少；到17世纪末，伦敦及其附近地区的燃煤年均消费量又上升到45.5万吨[2]。人口的增加以及燃煤的大量输入，导致伦敦家庭越来越依赖燃煤。17世纪后期到18世纪中期，伦敦居民屡屡向议会请愿一方面要求政府保障他们的煤炭需求量[3]，一方面要求政府保障他们的煤炭质量[4]。由此可见，当时英国大城市的居民对煤炭的依赖程度已经成为一项影响政府议事日程的民生问题。18世纪中期，伦敦市不论上层贵族还是下层民众，他们唯一的燃料是煤炭[5]。

18世纪中后期，轰轰烈烈的工业革命始于英国，由此推动英国工业城市的兴起和蒸汽机的飞速发展。从此之后，城市居民和工厂机器对煤炭的需求量急剧上升。以伦敦地区为例，19世纪初，大伦敦地区的人口数量约为80万；到该世纪20年代，人口数量又增加了30多万；这一时期输入伦敦的煤炭量平均增幅在17%左右[6]。19世纪中期，大伦敦地区的居民数和20年前相比翻了一番多[7]。英国居民年均消费煤炭量，18世纪初约为几十

① J. A. Chartres, *Pre-industrial Britain*, Oxford UK & Cambridge USA: Basil Blackwell, 1994, p. 203.

② J. U. Nef, *The Rise of the British Coal Industry Vol. 1*, London: George Routledge & Sons, LTD. , p. 80.

③ Great Britain. House of Commons of Parliament, *Journals of the House of Commons*, *Volume 10*, London: Re-printed by order of the House of Commons, 1803, p. 491.

④ Great Britain. House of Commons of Parliament, *Journals of the House of Commons*, *Volume 23*, London: Re-printed by Order of the House of Commons, 1803, p. 263.

⑤ PehrKalm, *Kalm's Account of his Visit to England on his Way to American in 1748*, pp. 7, 137.

⑥ Anonymous, *The History and Description of Fossil Fuel*, *the Collieries*, *and Coal Trade of Great Britain*, London: Whittaker and Co. ; Sheffield: G. Ridge, 1835, pp. 431–432.

⑦ B. R. Mitchell, *British Historical Statistics*, Cambridge: Cambridge University Press, 1988, p. 25.

吨，到 19 世纪上半期，年均煤炭消费量高达一千多万吨①。19 世纪下半期时，英国的煤炭消费量又飞速上升。显然，城市居民和工厂机械化越来越依赖燃煤。而煤烟的释放量加倍增加，对环境和居民身体健康构成了较大的威胁。

　　毫无疑问，这种威胁主要来自居民和工厂燃煤释放的煤烟。然而，在较长时期，英国政府忽视了煤烟构成的威胁。于是，各种各样的社会团体和个人开始探索煤烟治理的方法和途径。本篇第一章主要通过考察英国民众对烟囱的使用、维护和加高，旨在分析英国处在工业化阶段，面对城乡四处弥漫的浓烈的煤烟，采取治理煤烟的手段是否有效，对煤烟治理是否产生了一定的影响；第二章主要通过考察英国工业熔炉发明的目的和降烟改良的进程，旨在考察蒸汽机在英国普及过程中英国社会采取煤烟治理的措施以及产生的效果，进而分析英国煤烟减排的制约性因素等。通过这几个方面的考察进一步分析英国社会各阶层在排烟、降烟方面采取的方法和所起的作用，进而探求这一时期英国煤烟治理的程度，并试图厘清影响英国煤烟治理进程的真正原因。

---

　　① Roy Church, Alan Hall and John Kanefsky, *The History of the British Coal Industry*, *Vol. 3*：*1830 – 1913*：*Victorian Pre – eminence*, Oxford：Clarendon Press, 1986, p. 19.

第四章　烟囱的普遍建立

正如上文所述，17 世纪英国燃煤使用量大增。18 世纪时，英国城乡民众的燃煤使用情况更加普遍。随着工业化时代的开启，大型工厂和城乡居民均开始大规模地使用燃煤。不仅大工厂释放出大量的煤烟，而且燃煤走进千家万户加剧环境污染。当时，英国民众应对这种煤烟污染的方法技术值得我们关注。因此，本章内容主要选取与英国民众日常生活息息相关的烟囱清扫考察从 18 世纪以来到 19 世纪中期长达百年的时间内，英国民众对煤烟的认知水平和当时煤烟治理的技术发展状况。

第一节　烟囱在排烟中的最初功能

由于英国民众燃煤使用量的大增导致燃煤释放出大量的煤烟。煤烟的大量产生又冲击了英国传统的房屋结构。传统的英国普通家庭取暖仅在房屋中间放置一个取暖盆，在木材燃料时期，这种简陋的设备还没有对环境和人体健康造成大麻烦。而在燃煤时代，使用这种设备已给民众的生活带来极大的不便。不仅煤烟笼罩在房屋中久久无法散去，煤烟中的碳化物对居民健康造成极大的威胁，煤烟中的硫化物污染了居民的家具和房屋。因此，英国居民在接受煤炭的基础上，一直寻求排放煤烟的方法。这样一来，改造老式的木质结构且没有任何排烟设施的房屋势在必行。

燃煤使用量的增加导致大量的民居和手工业作坊开始调整房屋构造以

便使用燃煤炉。烟囱作为英国现代化的一种产物，它的出现是英国房屋构造调整的标志之一，也是英国民众为应对大量烦人的煤烟污染而采取的措施。

最初，人们建造烟囱，其功能其实就是将煤烟排出房屋。烟囱在英国的出现与罗马入侵有关。罗马人占领不列颠之后，此地寒冷而多变的气候曾使他们采取了一种更加经济和健康的煤炭取暖方法：几乎罗马人在不列颠留下的所有房子中都显示他们通过热炕和烟道技术取暖，有些房子里，几乎每层设计中都有一个炉子①。13 世纪上半期，英国燃煤法令出台，燃煤开始合法使用。当然，民间对燃煤的使用肯定要更早。直到 13 世纪末时，伦敦才运入煤炭作为酿酒、印染、铸铁以及其他行业使用。这一时期，已经有了燃煤炉，但是并没有利用排烟的烟囱或烟道技术。当然，更早时期的极个别大型建筑会有烟囱，如 1280 年修建的诺森伯兰的阿登城堡（Aydom Castle）就带有细长的烟囱，但是，绝大多数普通建筑根本没有烟囱。② 即使在理查二世时期（Richard II，1367 – 1400 年）的贵族豪宅或大城堡里并没有烟囱或烟道。斯托克城堡（Stoke Castle）是这一时期建立的，该城堡有一个非常宽敞的大厅，但是并没有建造烟囱；屋顶上被煤烟玷污了的木头显示四百年前来自大厅中心的燃煤炉里冒出来的煤烟直接被排放在大厅里③。由此可见，尽管英国家庭使用燃煤的时间较早，但是对煤烟污染的处理非常滞后。

---

① Walter Bernan, *On the History and Art of Warming and Ventilating Rooms and Buildings by Open-fires, Hypocausts, German, Dutch, Russian, and Swedish Stoves, Steam, Hot Water, Heated Air, Heat of Animals, and Other Methods; With Notices of the Progress of Personal and Fireside Comfort, and of the Management of Fuel. Illustrated by Two Hundred and Forty Figures of Apparatus.* Vol. I, London: George Bell, 1845, p. 64.

② Robert Kemp Philp, *The History of Progress in Great Britain*, London: Houlston and Wright, 1862, p. 238.

③ Walter Bernan, *On the History and Art of Warming and Ventilating Rooms and Buildings by Open-fires, Hypocausts, German, Dutch, Russian, and Swedish Stoves, Steam, Hot Water, Heated Air, Heat of Animals, and Other Methods; With Notices of the Progress of Personal and Fireside Comfort, and of the Management of Fuel. Illustrated by Two Hundred and Forty Figures of Apparatus.* Vol. I, London: George Bell, 1845, p. 111.

亨利八世统治时期，砖木结构的房子开始流行起来，其中一些房屋开始注重烟囱的修建。烟囱的功能才开始被一部分英国人认识到。当然，也只有少数建筑具有烟囱。尽管在 1577 年时，英格兰有好多烟囱①，但是这些烟囱大多数主要用于手工作坊，只有极少数供上流社会成员出入的建筑才会有烟囱，但不一定每个烟囱均与火炉有关。② 普通家庭烟囱的修建则要更晚一些。

不仅如此，到 17 世纪时，英国人并没有很好地使用烟道技术。直到 1616 年，柴郡韦尔罗亚尔（Vale Royal）的农民仍然使用古老的撒克逊式的房屋建筑和房屋设备，他们仍然在房子中央搭起一个泥台子用木材、枯草生火，他们的牛也同在房间内。③ 英国乡村居民大多过着这样的没有森林便没有王国（No Wood No Kingdom）的生活，只有沿海的乡村居民可能使用海煤。1624 年，有人曾看到英国的房子里充满煤烟，没有任何排烟设施，而当小公寓生火时，门或窗户总是得开着，否则烟会一直留在房间④。由此可见，当前英国居民家庭煤烟处理仍然是困扰他们的大麻烦，甚至是威胁他们生命的凶手。为了控制伦敦煤烟，王室曾于 1634 年对通过海路运入伦敦的煤炭征收每查尔德隆 4 先令的税收。这种措施在没有可替代性燃料的情况下对穷人而言无疑是雪上加霜，成千上万的伦敦穷人又

---

① William Wood, *Chimney Sweepers and their Friends*, London: S. W. Partridge& Co. , 1869, p. 4.

② Robert Kemp Philp, *The History of Progress in Great Britain*, London: Houlston and Wright, , 1862, p. 241.

③ Walter Bernan, *On the History and Art of Warming and Ventilating Rooms and Buildings by Open-fires, Hypocausts, German, Dutch, Russian, and Swedish Stoves, Steam, Hot Water, Heated Air, Heat of Animals, and Other Methods; With Notices of the Progress of Personal and Fireside Comfort, and of the Management of Fuel. Illustrated by Two Hundred and Forty Figures of Apparatus. Vol. I*, London: George Bell, 1845, p. 163.

④ Walter Bernan, *On the History and Art of Warming and Ventilating Rooms and Buildings by Open-fires, Hypocausts, German, Dutch, Russian, and Swedish Stoves, Steam, Hot Water, Heated Air, Heat of Animals, and Other Methods; With Notices of the Progress of Personal and Fireside Comfort, and of the Management of Fuel. Illustrated by Two Hundred and Forty Figures of Apparatus. Vol. I*, London: George Bell, 1845, pp. 167 – 168.

因此税收导致无煤取暖而被冻死。[1] 王室并没有从源头上解决煤烟这样的问题。在随后的几十年中，煤烟也一直是伦敦人极力想要排出房间的大麻烦。

　　面对这种情况，英国民众也开始积极地寻求解决之道。有些居民把家用炉子抬高几英尺，或形状改为拱形，或在炉身开凿小孔以减少烟量在房间的滞留，[2] 然而，排烟效果并不明显。从英国居民火炉缺陷性的结构来看，这一时期煤烟很难被排出房屋。而燃煤释放出的硫元素使空气充满难闻的气味，这是当时人们急需解决的问题。1626 年约翰·哈克特（John Hacket）和奥古斯都·德·斯特拉达（Octavius de Strada）为了让燃煤释放的气味与木材或木炭一样令人舒适而将煤炭转化成焦炭，他们也因此获得了一项专利；休·普拉特（Hugh Platt）也曾试图通过改良英国煤炭来降低煤烟[3]从 17 世纪 30 年代开始，各种降烟的试验和小发明亦不断出现，如 1634 年陶恩尼夫·弗兰克（Captain Thorneff Frank）建造的火炉降低了三分之二的燃料消耗量，亦降低了煤烟的排放量，并且还获得一份专利。[4]

---

[1]　Walter Bernan, *On the History and Art of Warming and Ventilating Rooms and Buildings by Open-fires, Hypocausts, German, Dutch, Russian, and Swedish Stoves, Steam, Hot Water, Heated Air, Heat of Animals, and Other Methods; With Notices of the Progress of Personal and Fireside Comfort, and of the Management of Fuel. Illustrated by Two Hundred and Forty Figures of Apparatus. Vol.* I, London：George Bell, 1845, p. 179.

[2]　Walter Bernan, *On the History and Art of Warming and Ventilating Rooms and Buildings by Open-fires, Hypocausts, German, Dutch, Russian, and Swedish Stoves, Steam, Hot Water, Heated Air, Heat of Animals, and Other Methods; With Notices of the Progress of Personal and Fireside Comfort, and of the Management of Fuel. Illustrated by Two Hundred and Forty Figures of Apparatus. Vol.* I, London：George Bell, 1845, pp. 167 – 169.

[3]　Walter Bernan, *On the History and Art of Warming and Ventilating Rooms and Buildings by Open-fires, Hypocausts, German, Dutch, Russian, and Swedish Stoves, Steam, Hot Water, Heated Air, Heat of Animals, and Other Methods; With Notices of the Progress of Personal and Fireside Comfort, and of the Management of Fuel. Illustrated by Two Hundred and Forty Figures of Apparatus. Vol.* I, London：George Bell, 1845, pp. 170, 180.

[4]　Walter Bernan, *On the History and Art of Warming and Ventilating Rooms and Buildings by Open-fires, Hypocausts, German, Dutch, Russian, and Swedish Stoves, Steam, Hot Water, Heated Air, Heat of Animals, and Other Methods; With Notices of the Progress of Personal and Fireside Comfort, and of the Management of Fuel. Illustrated by Two Hundred and Forty Figures of Apparatus. Vol.* I, London：George Bell, 1845, p. 173.

这种改良仅仅改造了燃炉。1635 年，约翰·温特（JohnWinter）发明了燃烧焦炭的壁炉，主要有效利用烟道的功能；而 1658 年的记载是这样的：在最好的房间里，有一个燃煤或燃烧泥煤的烟囱或烟道立在一个大炉缸凹槽里①。由此可见，烟囱在英国的发展是一个极其缓慢的过程。

17 世纪后期，伦敦的许多作坊以及民房开始建造烟囱。1666 年伦敦大火之后，英国政府出台了 1667 年建筑物法案，对所建房屋的建材提出了统一的要求——所有的房屋均由砖头或石头修建，并且对墙体的厚度、高度以及木材相对烟囱的位置都做了详细的规定，烟道内禁止使用木材②。砖石建成的房子，有利于设计烟道、修建烟囱，更有利于将煤烟排出房屋，极大地提高了居民的生活舒适度。③ 17 世纪 80 年代到 18 世纪 70 年代，格洛斯特郡（Gloucestershire）乡绅、中产阶级等群体修建了 81 座经典小房子，这些房子的一个共同的特征就是强调烟囱的数量和功能。如布里斯托的一个收税官建造的房子两层高，二楼隔成五个房间，竖立起两个大烟囱。④ 英国这一时期重建的房屋不仅风格结构变化较大，最主要的是每个房间均有烟囱；这一时期，伦敦普通房子的烟囱数量不少于 5 或 6 个，而大房子的烟囱平均数量为 9 个⑤。这种情况将逐渐影响整个国家的房屋建

---

① Walter Bernan, *On the History and Art of Warming and Ventilating Rooms and Buildings by Open-fires, Hypocausts, German, Dutch, Russian, and Swedish Stoves, Steam, Hot Water, Heated Air, Heat of Animals, and Other Methods; With Notices of the Progress of Personal and Fireside Comfort, and of the Management of Fuel. Illustrated by Two Hundred and Forty Figures of Apparatus. Vol. I*, London: George Bell, 1845, pp. 173, 181, 184.

② A. W. Beeby, R. S. Narayanan, *Introduction to Design for Civil Engineers*, London and New York: Spon Press, 2017, p. 165.

③ Frank Trentmann ed., *The Oxford Handbook of the History of Consumption*, Oxford: Oxford University Press, 2012, p. 71.

④ S. Hague, *The Gentleman's House in the British Atlantic World 1680 – 1780*, Baltimore: Johns Hopkins University Pres, 2015, pp. 9 – 15.

⑤ Walter Bernan, *On the History and Art of Warming and Ventilating Rooms and Buildings by Open-fires, Hypocausts, German, Dutch, Russian, and Swedish Stoves, Steam, Hot Water, Heated Air, Heat of Animals, and Other Methods; With Notices of the Progress of Personal and Fireside Comfort, and of the Management of Fuel. Illustrated by Two Hundred and Forty Figures of Apparatus. Vol. I*, London: George Bell, 1845, pp. 205, 223.

造结构。面对越来越多的烟囱，查理二世便开始在英格兰征收一种"烟囱税"。① 王室曾在短期内收敛了约 20 万英镑的钱财，但是却招致穷人极大的不满，导致这一税收再也无法执行，因为穷人根本没有烟囱，也交不起这种税。1688 年光荣革命之后，这种税收不得不被取消了。②

英国人利用烟囱技术将煤烟驱逐出房屋后，遇到的另一个麻烦则是城市中越来越多的家庭和越来越多的作坊和工厂排放出的煤烟对生活环境和工作场所空气的污染。伦敦居民抱怨那些燃煤的作坊房屋正在摧毁他们的健康。17 世纪初时，伦敦的一位花商已经观察到种植花草一定要远离垃圾场或远离公共下水道以及酿酒坊，尤其要远离释放煤烟较多的地方，因为煤烟是最糟糕的东西。③ 这种情况在护国主克伦威尔时期已非常严重，克伦威尔曾想通过议会决议将一座排放难闻烟气的砖厂迁离距伦敦城五英里的地方，但是，这一举动并没有得到议会的支持。④ 而煤烟继续污染伦敦的空气，导致环境恶化。这就对居民住房和工业作坊的烟囱提出进一步要求。

第二节　煤烟治理中烟囱功能的提升

对于英国居民住宅而言，将煤烟排出室内一方面需要烟道设备，另一方面还需要进一步提升烟囱的功能。在英国烟囱发展史中，伊维林的观点

---

① 这种税收与其叫烟囱税，不如说是一种火炉税。因为除伦敦外的绝大多数居民家庭根本没有烟囱。

② Robert Kemp Philp, *The History of Progress in Great Britain*, London: Houlston and Wright, 1862, pp. 240–242.

③ Walter Bernan, *On the History and Art of Warming and Ventilating Rooms and Buildings by Open-fires, Hypocausts, German, Dutch, Russian, and Swedish Stoves, Steam, Hot Water, Heated Air, Heat of Animals, and Other Methods; With Notices of the Progress of Personal and Fireside Comfort, and of the Management of Fuel. Illustrated by Two Hundred and Forty Figures of Apparatus. Vol. I*, London: George Bell, 1845, pp. 166–167.

④ Walter Bernan, *On the History and Art of Warming and Ventilating Rooms and Buildings by Open-fires, Hypocausts, German, Dutch, Russian, and Swedish Stoves, Steam, Hot Water, Heated Air, Heat of Animals, and Other Methods; With Notices of the Progress of Personal and Fireside Comfort, and of the Management of Fuel. Illustrated by Two Hundred and Forty Figures of Apparatus. Vol. I*, London: George Bell, 1845, p. 181.

不可或缺。实际上，就煤烟治理中烟囱的功能与规格而言，伊维林的观点影响了英国烟囱的发展方向。他曾在著作中描述"靠近怀特霍尔的两个酿酒坊的烟囱里释放出的煤烟，专横地充满整个宫殿的房间和走廊……"[1]由此可见，这些作坊尽管建有烟囱，但是却很少能将烟带离酿酒坊或印染坊的屋顶。可想而知，煤烟不仅充满王宫，而且飘荡在每个居民区。在这种情景下，伊维林曾在《防烟》一书建议使用庞大火炉的行业应该将他们烟囱提高到超过他们的作坊顶部，而大多建筑没有这样的烟囱，它们释放出的煤烟不得不排到地面。[2] 伊维林为这一时期的排烟指出了方向——英国居民应该修建更高的烟囱以便将煤烟带向更远的地方。伊维林的这一观点将在随后的几个世纪里产生较大的影响。

为了进一步提升烟囱的排烟功能，英国政府于 1707 年和 1709 年颁布的建筑物法案规定所有建筑物的烟道必须要从上到下涂上石膏，此办法对木材火焰非常有效，[3] 却对燃煤烟囱而言并不理想。18 世纪中期，伦敦的民房除了烟囱数量增加之外，最主要的是每家都有一个整日冒烟的烟囱[4]。随着居民燃煤的使用，烟囱排烟问题显得非常迫切，修建较高的排烟烟囱成了人们的共识。到 18 世纪 70 年代，据估计伦敦城的住房约有 105000座，每座房子的平均烟囱约为 3 个，也要 315000 个，其中普通烟囱大约有105000 个，厨房烟囱 60000 个，大烟囱 45000 个[5]。这些烟囱的高度都高出房顶，并且有的家庭烟囱高出房顶的部分超过 3 英尺。英国政府还通过法案规定烟囱的高度：每一个烟囱筒或烟道的修建必须由砖块或石头垒

① John Evelyn, *Fumifugium, or The Inconveniencie of the Aer and Smoak of London Dissipated*, Exeter: The Rota at the University of Exeter, 1976, pp. A2 – 6.

② John Evelyn, *Fumifugium, or The Inconveniencie of the Aer and Smoak of London Dissipated*, Exeter: The Rota at the University of Exeter, 1976, pp. A2 – 6.

③ Benita Cullingford, *British Chimney Sweeps: Five Centuries of Chimney Sweeping*, Chicago: New Amsterdam Books, 2000, p. 106

④ PehrKalm, *Kalm's Account of his Visit to England on his Way to American in 1748*, Whitefish: Kessinger Publishing, 2010, pp. 7, 137.

⑤ Kenneth E. Carpenter, ed., *British Labour Struggles: Contemporary Pamphlets 1727 – 1850: Improving the lot of The Chimney Sweeps One Book and Nine Pamphlets 1785 – 1840*, New York: Arno Press, 1972, p. 90.

起，至少 4 英寸厚，高度高于顶部最高处不少于 3 英尺；必须不高于与它相连的坡度，或顶部檐沟的 8 英尺，如果这样的烟道被加厚建立，或与另一个烟道靠在一起，或有其他的安全措施则可超过这样的高度。① 法案内容在一定程度上制约了民居烟囱的高度。法案专设烟囱检查员，对烟囱的损毁、掉落等产生的问题进行监督处理：法案规定：如果烟囱被损坏了，居住者要在调查员通知发出后的 36 小时内进行维修，否则将交由治安警察处理，任何源于烟囱塌落而导致的毁坏均应由建筑物的所有者补偿②等条款。因此，一般家庭的烟囱高度不会超过 3 英尺，有些家庭的烟囱最高也就 8 英尺左右。

对于工厂烟囱而言，1844 年首都建筑物法案规定：任何蒸汽机的锅炉熔炉或任何酿酒，工厂等的烟道，可能被建得很高，但是在每个案例中它必须要满足官方公证人关于该烟囱应用的专门规定。③

面对飞速发展的工业化进程，煤烟释放是一个绕不开的难题。于是，更高的烟囱一座座竖起，力求将煤烟排向高空或更远的地方，这样就可以减少对周围环境的污染。19 世纪苏格兰圣罗劳克斯（St. Rollox）的烟囱以高达 455.5 英尺而闻名世界；当时在此地的烟囱有五种类型：第一种不超出地面高度的烟囱，其外部直径达 40 英尺，烟囱墙厚为 2 英尺 7.5 英寸；第二类高出地面 54.5 英尺，外部直径达 35 英尺，烟囱墙厚 2 英尺 3 英寸；第三类高出地面 114.5 英尺，外部直径达 30.5 英尺，墙厚 1 英尺 10.5 英寸；第四类高出地面 210.5 英尺，外部直径长达 24 英尺；第五类有两种规格，一种高达 350.5 英尺；一种高达 435.5 英尺。④ 世界排名第五的是一

①　N. Simons，*The Statutes of The United Kingdom of Great Britain and Ireland. With Notes and References*，*Vol. xvii*，London：George E. Eyre and Andrew Spottiswoode Printed，1845，p. 237.

②　David Gibbons，*The Metropolitan Buildings Act*，7th and 8th *Vict. with Notes and an Index*，London：John Weale，1844，p. 48，54，55.

③　N. Simons，*The Statutes of The United Kingdom of Great Britain and Ireland. With Notes and References*，*Vol. xvii*，London：George E. Eyre and Andrew Spottiswoode Printed，1845，p. 237

④　Park Benjamin，ed.，*Appletons' Cyclopaedia of Applied Mechanics*：*A Dictionary of Mechanical Engineering and Mechanical Arts*，*Illustrated with Nearly Five Thousand Engravings*，Vol. I，New York：D. Appleton and Company，1880，p. 347.

家英格兰化工厂的烟囱，包括地基高达225英尺，除地基外高达221英尺，它的下半径长约17英尺，上部半径长达约8英尺；第7名泰恩的赫伯恩皮革厂的烟囱，包括地基在内其高度达173英尺，除地基外高达155英尺；靠近格拉斯哥的波特邓达斯（Port Dundas）的烟囱排名欧洲第一，包括地基在内高达468英尺，除地基外仍高达454英尺。英格兰怀特工厂（White's Factory）的烟囱高达131英尺，除地基外高达126英尺，排欧洲第13名。[①]如此高的烟囱其功能无疑是要将煤烟排放到更大的范围以便被空气稀释。达勒姆的一家规模相当大的化学工厂制造商伊萨克·劳瑟安·贝尔（Isaac Lowthian Bell）认为燃煤释放出的煤烟并不具有摧毁性，因为它的烟囱高达200英尺，当煤烟到达地面时，它已被大大地稀释了，而具有较大摧毁性的是焦炭炉，但是炼焦厂排出的废气通过修建高烟囱也会被轻松地稀释掉[②]。贝尔的观点是当时绝大多数英国人持有的观点。也难怪，除了将煤烟排向更远的地方，更大的范围外，这一时期，还真是没有更好的办法既让工厂燃煤，又可有效地降烟。

由此可见，工业化以来不论是英国民居还是英国工厂其烟囱的数量随着燃煤使用量的增加而增加。烟囱的建立适当地减少了煤烟对居民生活和环境的直接影响。然而，就大规模烟囱建立的功能来看，仅仅体现了将煤烟排出室内的功能，工厂烟囱也仅仅体现了将煤烟排向较大范围的功能。它们并没有对环境起到决定性的改良作用。煤烟中含有大量的碳化合物、焦油、灰烬等，因此，这些物质随烟囱排入空气中极大地污染了空气。而且居民楼烟囱和工厂烟囱由于煤炭质量和熔炉温度的不同释放出的这些物质的比例极大的不同，如下表所示：

---

① Park Benjamin, ed., *Appletons' Cyclopaedia of Applied Mechanics: A Dictionary of Mechanical Engineering and Mechanical Arts, Illustrated with Nearly Five Thousand Engravings*, Vol. I, New York: D. Appleton and Company, 1880, p. 348.

② Great Britain, Parliament, House of Lords, Select Committee of the House of Lords on Injury from Noxious Vapours, *Report from the Select Committee of the House of Lords, on Injury from Noxious Vapours; together with the Proceedings of the Committee, Minutes of Evidence; Appendix, and Index*, London: H. M. Stationery Office, 1862, p. 125.

表 4 – 1　　民居烟囱排放的油烟与工厂烟囱排放的油烟物质含量对比

	碳化合物含量（%）	焦油（%）	灰烬（%）
居民烟囱	55 – 63	37 – 14	7 – 23
工厂烟囱	48.21	0.67	51.12

数据来源：Napier Shaw，John Switzer Owens，*The Smoke Problem of Great Cities*，London：Constable & Company Ltd，1925，pp. 34 – 35.

　　由上表可知，英国民居烟囱中的油烟物质含量比例为：碳化合物含量的比例达 55% 到 63%；焦油含量的比例为 14%—37%；灰烬的比例为7%—23%；而工厂烟囱中的油烟物质含量比例碳化合物含量为 48.12%，比民居烟囱中的量低 6.79—14.79 个百分点；焦油的比例为 0.67%，而民居烟囱中的焦油最高则占到总含量的三成多；工厂烟囱排放出的油烟中灰烬的含量高达 51.12%，占其总比的二分之一多，比民居烟囱中的油烟灰烬高 2—7 倍。

　　由此可知，民居烟囱中含有大量的焦油，非常不利于灰烬的排出。大量的灰烬落在烟囱内壁上，又不利于煤烟的排出。因此，从居民利用烟囱排出燃煤煤烟开始，清扫烟囱、改良烟囱以维护其排烟功能的需求成为他们要面对的问题。

第三节　煤烟治理中烟囱的维护

　　英国家庭燃煤量增大，其中焦油的含量比例较大，灰烬更加容易吸附在焦油上，堵塞烟道，从而降低烟囱的排烟功能。煤烟灰烬又经加热会引起烟囱内部木质材料的燃烧，导致喷火引起火灾。因此，定期清扫烟囱的工作就成为每家每户的日常工作。

　　实际上，早在 16 世纪英格兰就已开始清扫烟囱。这与烟囱在英格兰出现的年代相吻合。英格兰著名大文豪莎士比亚笔下已经描述了烟囱清扫的景象。[1] 这一时期，与欧洲其他国家相比，英国民房烟囱显得与众不同。

---

[1]　William Shakespere，*The Works of Mr. William Shakespere*，*Vollum the eighth*，London：1750，p. 303.

法、德等国家烟囱的烟道足够大，清扫工作由成年人承担。而英国的烟囱主要为了阻止燃煤热量随煤烟排出室外，则故意将烟道修得既窄小又曲折。到 18 世纪末—19 世纪初，英国家庭烟囱烟道下大上小，且平均不超过 7 或 8 平方英寸。这种尺寸大人没法进入烟囱去清扫它们，机械化清扫更不可能。因此，儿童便不得不被带入这样一个具有高危且令人窒息的"工作场所"来了，并且只有 4 岁或 5 岁的孩子才能进入①。甚至有时候，仅 4 岁的孩子都无法进入烟道中。在这些孩子中，常常会有 3 岁左右的。如，1795 年有一个叫托马斯·阿伦（Thomas Allen）的孩子只有 3 岁半，一个叫詹姆斯·达恩（James Dunn）的孩子也才 5 岁。英国著名诗人威廉·布莱克（William Blake）分别于 1789 年与 1794 年写下两首关于烟囱爬攀儿童的诗，其中有这样的描述：

> 当我妈妈去世时我非常年幼，
> 在我还不会说"打扫！打扫！打扫！打扫！"的词时，
> 我爸爸就把我卖掉了，
> 因此，我给你们扫烟囱并且睡在煤烟中。……②

儿童学徒制自 15 世纪形成以来，到 16 世纪时已有法律保护，如伊丽莎白一世曾在 1562 年颁布《手工业法规》（*Statute of Artificers*）中明文规定所有工业工人学徒的法定年龄必须达到 7 周岁。很显然，烟囱清扫行业中雇用的儿童往往小于这样的年龄。这种规定一直持续到 18 世纪后期。烟囱清扫者尽管没有自己的行会，但是他们与其他行业一样遵守同样的规定。对于爬攀烟囱清扫者的源头仅有口头传说是在 1666 年大火之前就已存在；威廉三世执政时，已有爬攀清扫烟囱者，且有专门被雇佣来做此事的

---

① *The Times*, February 19, 1818.

② https://www.poetryfoundation.org/poems/43654/the – chimney – sweeper – when – my – mother – died – i – was – very – young, 2019 – 04 – 07.

家族①。爬攀儿童则来自意大利北部山区皮德蒙特和萨伏伊的动作机敏的烟囱清扫儿童。他们于查理二世时期（1660—1685 年在位）来到伦敦，后来此技术在英国得以传播②。一位叫约瑟夫·劳伦斯（JosephLawrence）的烟囱清扫者亦自称在 1755 年就已是一名爬攀烟囱的学徒工③。但是直到 1760 年，人们才开始关注这些散布在伦敦城各个角落的不穿鞋袜、近乎赤身裸体的儿童群体④。

自 18 世纪以来的两个世纪中，就伦敦爬攀儿童的数量来看，他们并不是偶然现象。18 世纪 80 年代时，伦敦有 400 个儿童是 100 名烟囱清扫师傅的学徒和烟囱爬攀者，师傅的家人共 900 人，另加 200 人是他们的仆人；还有 50 位次级师傅，拥有 150 名爬攀儿童学徒工，所有这些人共计约为 1800 人，也就是说，这 1800 人主要依靠清扫烟囱谋生⑤。显然，他们主要的劳动力毫无疑问是这些儿童。即使到 1841 年伦敦仍然有 370 名年龄在十岁以下的孩子；1851 年统计的数据显示英格兰和威尔士共有 1107 名年龄在 15 周岁以下的烟囱清扫者⑥。他们每天早上清扫 6 到 7 座烟囱。

爬攀烟囱的儿童通常都是捡来或买来的。当然也通过其他手段得到的。呈交给英国下院的证据中有一个叫乔治·斯屈克兰德（George Strick-land）的孩子是被一位妇女绑架后带入烟囱清扫行业中的，从业两年后，

① Kenneth E. Carpenter, ed., *British Labour Struggles: Contemporary Pamphlets 1727 – 1850*, *David Porter*, *Considerations on the Present State of Chimney Sweepers*, *with some Observations on the Act of Parliament*, *Intended for Their Regulations and Relief*, *with Proposals for Their Further Relief*, Printed for the Author, By J Barfield, 1801. p. 20.

② Benita Cullingford, *British Chimney Sweeps: Five Centuries of Chimney Sweeping*, Chicago: New Amsterdam books Ivan. R. Dee, 2000, p. 73.

③ Kathleen H. Strange, *Climbing Boys: A Study of Sweeps' Apprentices*, *1773 – 1875*, London: Allison & Busby, 1982, p. 33.

④ William Wood, *Chimney Sweepers and their Friends*, London: S. W. Partridge& Co., 1869, p. 6.

⑤ Kenneth E. Carpenter, ed., *British Labour Struggles: Contemporary Pamphlets 1727 – 1850: Improving the lot of The Chimney Sweeps One Book and Nine Pamphlets 1785 – 1840*, New York: Arno Press, 1972, p. 89.

⑥ Peter Kirby, "A Short Statistical Sketch of the Child Labour Market in Mid – Nineteenth Century London", *Revue Française de Civilisation Britannique*, Vol. 12, No. 3, September 2003, http://journals. openedition. org/rfcb/1606, 2019 年 4 月 20 日。

被他的父亲成功解救①。大多数儿童没有那么幸运。这些孩子常常住在地下储藏室或阁楼，睡在稻草上或装煤烟的袋子上，冬天没有火炉，盖着自己的衣服或煤烟袋，异常寒冷；如果他们在乡下工作，在收获的季节，他们可能挣得庄稼或获得拾穗的权力，有时候会得到委托人的食物，有时候当清扫富人家的烟囱时，烟囱清扫者的师傅和爬攀孩子均会在下人吃饭的餐厅得到一份丰盛的早餐②。当然，获得美食的机会并不常见。夏天的时候，他们在凌晨4点钟被叫起，冬天的时候，他们在5、6点钟被叫起，冬季最严寒的时节这么早起床，摧毁了他们的身体发育机能，导致他们的生物钟紊乱，医药根本无法治疗；赤脚、营养不良、衣衫单薄，烟囱清扫者的身体很少能长成普通人的体格；他们中所有人四肢弯曲③。

尽管家庭烟囱的高度与工厂烟囱的高度无法相提并论，但是对于这些孩子而言要爬攀一座烟囱是一件非常不容易的事情。为了强迫他们爬上烟囱，跟在他们后面的孩子会用针强刺他们的脚④。加之英国的家庭考虑到保温的作用烟囱被修建得越来越窄。烟囱的窄小导致爬攀小男孩卡在烟道某个地方而无法动弹的事例比比皆是。比如，一个孩子完成清扫任务后试图爬下烟囱，但是他却卡在烟道中无法自救，后来房主移除了几块烟囱砖头后救下了这个孩子⑤。有的烟囱曲曲折折，在爬攀的时候，这些儿童有时候头会卡在拐角的地方，有时候能上却下不去。因为烟道侧面根本没有开口，一般

① Kenneth E. Carpenter, ed. , *British Labour Struggles: Contemporary Pamphlets 1727 - 1850*; *The Reply of Dr. Lushington, in Support of the Bill for the Better Regulation of Chimney Sweepers and their Apprentices, and for Preventing the Employment of Boys in Climbing Chimnies, Before the Committee of the House of Lords, On Monday, the 20th April, 1818*, London: Printed by Bensley and sons, 1818, p. 16.

② Benita Cullingford, *British Chimney Sweeps: Five Centuries of Chimney Sweeping*, Chicago: New Amsterdam books Ivan. R. Dee, 2000, p. 59.

③ G. Orr, *A Treatise on A Mathematical and Mechanical Invention for Chimney Sweeping with A Disquisition on the Different Forms of Chimnes, and Shewing How to cure Smoky ones*, London: Printed by D. N. Shury, 1803, pp. 4 - 5.

④ William Wood, *Chimney Sweepers and their Friends*, London: S. W. Partridge& Co. , 1869, p. 11.

⑤ James Montgomery, *The Chimney - Sweeper's Friend, and Climbing - Boy's Album, Edicated, By the Most Gracious Permission, to His Majesty, The child of misery baptized with tears*, London: Printed for Longman, Hurst, Rees, Orme, Brown, and Green, Paternoster - Row, 1824, pp. 29 - 30.

人无法打开烟囱，除非拆掉烟囱或请专业的人员来解救。瓦工波尔特曾被请去拆开烟囱解救被卡的孩子，因此，他亲眼见到两例在烟囱中窒息而死的孩子的案件。[1] 这种情况对这些清扫者而言无异于增加了死亡风险。

有的烟囱却异常笔直，这个时候需要膝盖、脚和双手在烟囱内形成支点才不会滑下去。即使如此操作，有些孩子因为疲累和窒息常常从烟道掉到炉床上。1816 年 4 月一位名叫约翰·修雷的 6 岁小男孩从烟囱上端摔下撞向一个大理石炉子，救出后的几小时内去世了。[2] 烟囱清扫者拉德福德（Mr. Ludford）有 4 个爬攀小男孩，其中一个掉下烟囱掉到钉子上，当瓦工打开烟道时，孩子所在的那部分烟道因为堵塞而变得非常烫，而孩子早已去世，他全身的皮肤已经被烤焦了[3]。

由于烟囱烟道有多边形的，有矩形的，有圆形的，且容积太小，导致机械化清扫烟囱的可能性减小。因此，烟囱清扫工作必须由儿童来完成。对他们而言最致命的是烟囱内的煤气中含有大量的有毒物质。现代化学实验证明燃煤加热产生大量致人患癌的化学物质，其浓度约为每立方米 5.08微克；而煤烟中每公斤含有 51.25 毫克的一种高危害化学物质苯；每公斤最大总浓度为 213.94 毫克的五种致癌多环芳烃氢化合物[4]。在这样的工作

① Kenneth E. Carpenter, ed., *British Labour Struggles: Contemporary Pamphlets 1727 – 1850*; *The Reply of Dr. Lushington, in Support of the Bill for the Better Regulation of Chimney Sweepers and their Apprentices, and for Preventing the Employment of Boys in Climbing Chimnies, Before the Committee of the House of Lords, On Monday, the 20th April, 1818*, London: Printed by Bensley and sons, 1818, pp. 27, 28.

② Kenneth E. Carpenter, ed., *British Labour Struggles: Contemporary Pamphlets 1727 – 1850*; *Report Presented to the House of Commons by the Committee appointed to examine the several Petitions, which have been presented to the House, against the Employment of Boys in Sweeping Chimneys, Before the Committee of the House of Lords, On Monday, the 20th April, 1818*, London: Printed by Bensley and sons, 1818, p. 15.

③ Kenneth E. Carpenter, ed., *British Labour Struggles: Contemporary Pamphlets 1727 – 1850*; *The Reply of Dr. Lushington, in Support of the Bill for the Better Regulation of Chimney Sweepers and their Apprentices, and for Preventing the Employment of Boys in Climbing Chimnies, Before the Committee of the House of Lords, On Monday, the 20th April, 1818*, London: Printed by Bensley and sons, 1818, pp. 27, 28.

④ U Knecht, U Bolm – Audorff, H – J Woitowitz, "Atomospheric Concentrations of Polycyclic Aromatic Hydrocarbons during Chimney Sweeping", *British Journal of Industrial Medicine*, Vol. 46, No. 7, Jul. 1989, pp. 479 – 482.

环境中，烟囱爬攀儿童发生窒息死亡的概率大大增加。

清扫烟囱的时间一般是在早上主人起床之前要完成。这样不会影响雇主生火取暖，另外，早上清扫相对而言比较安全，晚上壁炉一般不会续火，早上烟囱内部的温度不会过于灼人。他们常常凌晨三点左右会被送去清扫烟囱。如1808年2月12日，一位爬攀学徒工在早上三点被送去清扫一些烟囱。[①] 这些孩子有时候一个早上要清扫六七个烟囱。

这种烟囱清扫办法既落后效率又不高。1803年机器代替烟囱爬攀儿童协会（Society for Superseding the Necessityof Climbing Boys）成立了。该协会成立的目标非常清楚——通过发展机械化作业代替烟囱爬攀儿童。1803年，斯玛特机器（Smart's machine）被发明出来，1817年，斯玛特先生（Mr. Smart）接受采访时称，他已经设计了三种型号的烟囱清扫机，并且被伦敦大部分地区采用，清扫烟囱的成功率非常高；1816年乔纳森·斯诺（Jonathan Snow）改良了斯玛特的烟囱清扫机，使它从一个刷子变成两个刷子，成倍提高了它的工作效率；另外，托马斯·马姆福德（Thomas Mumford）发明了一个杆联结机器，比斯玛特的机器灵活好用[②]。在1819年时，伦敦一千个烟囱中的九百九十个完全可以使用机器。[③] 19世纪20年代，该协会又推出了好几种烟囱清扫机器，且性能日益成熟，使用也越来越方

---

① James Montgomery, *The Chimney - Sweeper's Friend, and Climbing - Boy's Album, Edicated, By the Most Gracious Permission, to His Majesty, The child of misery baptized with tears*, London: Printed for Longman, Hurst, Rees, Orme, Brown, and Green, Paternoster - Row, 1824, p. 30.

② James Montgomery, *The Chimney - Sweeper's Friend, and Climbing - Boy's Album, Edicated, By the Most Gracious Permission, to His Majesty, The child of misery baptized with tears*, London: Printed for Longman, Hurst, Rees, Orme, Brown, and Green, Paternoster - Row, 1824, pp. 172, 205, 238.

③ Great Britain, House of Commons of Parliament, *The Parliamentary Debates from the Year 1803 to the Present Time: Forming a Continuation of the Work Entituled "the Parliamentary History of England from the Earliest Period to the Year 1803", Vol. xxxix, Comprising the Period from the Fourteenth Day of January, to the Thirtieth Day of April, 1819*, London: Printed bY T. C. Hansard, Peterbortough - Court, Fleet - Street: for Baldwin, Cradock, and Joy; J. Booker; Longman, Hust, Rees, Orme, and Brown; J. M. Richardson; Black, Kingsbury, Parbury, and Allen; J. Hatchard; J. Ridgway and Sons; E. Jeffery and Son; Rodwell, and Martin; R. H. Evans; Budd and Calkin; J. Booth; and T. C. Hansard, 1819, p. 436.

便。该协会对清扫机器的研发推动了越来越多的人参与到烟囱清扫机械化发展中。1834 年约瑟夫·格拉斯（Joseph Glass）先生发明的机器可以清扫矩形的烟囱；他举例说明如果直径是 14 厘米的烟囱用直径为 18 厘米的压缩式刷子去清扫时，刷子完全能延伸进烟囱的各个角落里；他指出格拉斯机器的清扫效率高于烟囱清扫小男孩的效率；还有一些多角的烟囱必须通过大改才能使用机器而不损伤建筑；他还指出，他所发明的清扫机是过去七年中被公认最好的机器，因此，有传言讲还有其他两位发明家研发了比他的机器更好的清扫机①。从这段文字可以看出，在当时有较多的人在关注烟囱清扫机的研发。

上述协会还获得社会人士的资金资助设置了 200 英镑的奖励储备金。这些资金主要用于推动烟囱清扫机器的发展以阻止儿童清扫烟囱。② 尽管各种烟囱清扫机器得到研发并得到大多数使用者的认可，但是，仍然存在这样那样的问题，特别面对曲折窄小的烟囱而无法清扫。

为了提高烟囱清扫效率，英国议会于 1817 年 6 月 23 日，就伦敦烟囱清扫问题进行了全面调查。调查形成的一个主要共识：应在伦敦烟囱清扫行业中引入机械化；因为伦敦四分之三的烟囱数量可以被机器很好地清扫，只有四分之一的烟囱无法清扫③。1819 年议会调查委员会关于烟囱使用机器的调查数据显示，伦敦城一千个烟囱中有九百一十个是一流的，五十个是二流的，30 个是三流的，仅仅十个是四流的，且只有这十个是无法使用机器清扫的；这种烟囱对清扫者的身体伤害特别大；但是这样的烟囱都是在一些富人家的，因此，改装烟囱的费用对这些人而言应该不算什么

① Joseph Glass，"The Contrast—Mechanical and Children Chimney – sweeping"，*The Mechanics Magazine*，*Museum*，*Register Journal*，*and Gazette*，*Oct. 4*，*1834 – March 28*，*1835*，*Vol. 22*，London：J. Cunningham，Mechanics' Magazine Office，1835，pp. 1 – 3.

② "Pescription of Clark's Patent Blower"，*The Mechanics Magazine*，*Museum*，*Register Journal*，*and Gazette*，*Oct. 4*，*1834 – March 28*，*1835*，*Vol. 22*，London：J. Cunningham，Mechanics' Magazine Office，1835，p. 18.

③ A. Aspinall，E. Anthony Smith ed. ，*English Historical Documents 1783 – 1832*，New York：Oxford University Press，1969，pp. 742 – 745.

难事，并且事实证明用机器清扫比用孩子清扫效率更高①。而以 J. 约克爵士（Sir J. Yorke）为代表的大多数人在英国上院议会讨论烟囱清扫议案时认为1819 年议案提出者的首要计划应该是改装成千上万的烟囱②。

尽管此次议案的主要目标——用机器代替儿童清扫烟囱没有实现，但是改造烟囱的运动被缓慢推动了。

1834 年、1840 年建筑物烟囱法案规定必须改造所有斜角烟道，烟囱或烟道内形成的夹角90 度或大于 90 度角；他们的开口不小于 6 平方英寸。③关于烟道规格的规定有助于新烟囱清扫机器的运行。随后，《1844 年首都建筑物法案》中详细地规定了烟囱构造的改进措施以解决人们在烟囱清扫过程中产生的不便，从而更好地维护烟囱的排烟功能。1844 年建筑法案规定：角形烟囱可能建在任何建筑物的内角，以至于烟道腔口的宽度不超过5 英尺，导致它适合被支撑在带有砖拱的铁梁上，或在一个强有力的不超过四英寸厚的石头平台上，这种烟囱至少要有 9 英寸钉入两墙所夹的这个角里；每个烟囱的每个侧壁必须不少于 8.5 英寸宽；砖砌部分的厚度，每个烟囱的腔口，前部，后部，连带处、烟道的隔墙必须至少四英寸厚的砖，适当地联结，连接工作必须用良好的水泥和灰泥浇灌，所有内部，外

① Great Britain, House of Commons of Parliament, *The Parliamentary Debates from the Year* 1803 *to the Present Time*: *Forming a Continuation of the Work Entituled "the Parliamentary History of England from the Earliest Period to the Year 1803"*, *Vol.* 39, *Comprising the Period from the Fourteenth Day of January, to the Thirtieth Day of April, 1819*, London: Printed bY T. C. Hansard, Peterbortough – Court, Fleet – Street; for Baldwin, Cradock, and Joy; J. Booker; Longman, Hust, Rees, Orme, and Brown; J. M. Richardson; Black, Kingsbury, Parbury, and Allen; J. Hatchard; J. Ridgway and Sons; E. Jeffery and Son; Rodwell, and Martin; R. H. Evans; Budd and Calkin; J. Booth; and T. C. Hansard, 1819, pp. 426, 427.

② Great Britain, House of Commons of Parliament, *The Parliamentary Debates from the Year* 1803 *to the Present Time*: *Forming a Continuation of the Work Entituled "the Parliamentary History of England from the Earliest Period to the Year 1803"*, *Vol.* 39, *Comprising the Period from the Fourteenth Day of January, to the Thirtieth Day of April, 1819*, London: Printed by T. C. Hansard, Peterbortough – Court, Fleet – Street; for Baldwin, Cradock, and Joy; J. Booker; Longman, Hust, Rees, Orme, and Brown; J. M. Richardson; Black, Kingsbury, Parbury, and Allen; J. Hatchard; J. Ridgway and Sons; E. Jeffery and Son; Rodwell, and Martin; R. H. Evans; Budd and Calkin; J. Booth; and T. C. Hansard, 1819, p. 449.

③ Benita Cullingford, *British Chimney Sweeps: Five Centuries of Chimney Sweeping*, Chicago: New Amsterdam Books, 2000, p. 106.

部或表面必须被很好地用灰泥涂抹粉刷；任何烟道其内部直径小于 8.5 英寸的均不能使用；烟道内有不小于 9 平方英寸的足够大的开口，在这种开口内插入铁门和铁框，以便烟道的每个部分被机械清扫，在这样的烟道内的每个角落亦可被清扫；如果烟囱没有如此建造，则它内部的每个角度必须至少为 135 度。烟道内的每一个突角或投射角必须被削掉至少四英寸，由一个圆形石头或铁条保护。① 这一规定大大提高了烟囱的可进入性，对成年人或机器进入工作提供了条件。

为减少烟囱内部着火，该法案规定：不能在任何支撑烟囱腔口的开口处放置木材，但是必须在开口处有一个砖或石头的拱门以支撑烟囱腔口，也要在烟囱侧壁有一个或几个铁棒，每边至少 9 英寸；在任何烟囱井口下面 18 英寸内不能在任何墙内放木材或木质部件，至少在这种烟囱的开口的壁炉炉床的表面不能放置；烟囱侧壁或烟囱前后的木材或木结构部分必须要由铁钉或螺丝拧紧，它不能靠近烟囱开口处或烟道内部四英寸处，不能靠近任何烟囱开口超过 9 英寸处的地方；每个烟囱的壁炉炉床必须放在或钳在砖或石头或其他不易燃物质上，必须是 9 英寸厚的固体。②

为了加快烟囱清扫效率，减少清扫烟囱的事故率，英国于 1864 年颁布的法案强调所有新建筑或旧建筑改装的烟囱必须适应机械化清扫。除此之外，为了解决烟囱引起的火灾问题，英国《1865 年首都消防法案》规定：首都的任何住房或其他建筑的烟囱如果着火，则这幢房子或建筑里的居住者应该被罚，罚款额度不超过 20 先令；但是如果居住者因他人的过失或有意的错误而招致受罚，他可以从此人那里获得罚款的全部或一部分。③

19 世纪英国推进改良和规范烟囱的措施在一定程度上维护了烟囱的排

① N. Simons, *The Statutes of The United Kingdom of Great Britain and Ireland. With Notes and References*, *Vol. xvii*, London：George E. Eyre and Andrew Spottiswoode Printed, 1845, pp. 235, 236.

② N. Simons, *The Statutes of The United Kingdom of Great Britain and Ireland. With Notes and References*, *Vol. xvii*, London：George E. Eyre and Andrew Spottiswoode Printed, 1845, p. 237.

③ John Mounteney Lely, *The Statures of Practical Utility：Arranged in Alphabetical and Chronological Order. With Notes and Indeses*, *Vol. viii*, the Fifth Edition of Chitty's Statutes, Lodnon：Sweet and Maxwell, 1895, p. 167.

烟功能。但是烟囱的大规模使用本身代表着英国民众对燃煤的接受。而燃煤释放出的煤烟对环境造成的污染是无法通过简单地升高或扩大烟囱或铲除烟道内的灰烬而得到根本的治理。烟囱只代表英国民众在这一阶段为了适应工业社会的生存而进行煤烟治理的最初成果。随着工业化程度的加深，英国所有工业城市的空气中充斥着大量的有毒物质。在 19 世纪末 20 世纪初时，不列颠每年有约四千万吨煤炭被英国家庭燃烧使用，据估算这一时期英国家庭燃煤造成的硫酸产物就可高达 80 万吨，它们随着雨水进入城市和郊区的土壤中毒害植物，也毁坏了城市建筑；而英国工业每年燃煤量高达 1 亿吨，估计每年会产生超过二百万吨的硫酸，两者相加每年约有三百万吨硫酸进入英国空气中；从英国的烟囱中喷出的油烟约为 250 万吨，这些油烟被风带到整个国家；这些油烟中约有五十万吨焦油。[1] 由此可知，20 世纪上半期以前，英国大量的烟囱并没有能够有效地降低煤烟污染物的排放，仅代表人们对燃煤的普遍接受，而烟囱也仅仅将煤烟排向一个较有限的范围外，也没有进行任何的处理，造成周边环境的严重污染。至于释放煤烟的烟囱技术的进一步改良要到 20 世纪中期以后随着政府力量的介入和现代化学知识的发展方实现根本性的提高。我们将在随后的相关章节中做进一步探讨。

结　语

煤烟污染是英国近代以来燃料转型中遇到的主要问题。这一问题首先威胁着人们的基本生活。为了改变这种局面，英国民众开始改变原有的居住条件来适应这种有煤烟相伴的生活。他们通过借鉴古人已有的烟囱技术，引入外来的维护烟囱的技术以及改良现有的清扫烟囱的技术企图消除煤烟污染。然而，这些技术的应用并没有使他们彻底摆脱煤烟产生的污染。

---

① Napier Shaw, John Switzer Owens, *The Smoke Problem of Great Cities*, London： Constable & Company Ltd, 1925, p. 42.

英国民众在工业化时期采用烟囱技术是为了解决室内燃煤煤烟对他们的健康造成的威胁。当他们在解决室内煤烟的过程中，遇到的问题层出不穷。传统木材结构的房子无法支撑燃煤的使用，煤烟长期通过木头房子带有的烟囱时其本身的热量会引起房屋火灾，这正是1666年伦敦大火发生的主要原因。于是为适应燃煤生活，英国掀起全国范围内的房屋改造运动。随之砖块或石块烟囱大规模修建。这是英国民众治理室内煤烟污染的最基本也最有效的一步。这也是英国民众成功地跨入工业化燃煤时代的一大标志。

随着煤烟污染程度的增加，烟囱对居民生活而言越来越重要。面对大量的污染物，人们更加认为增加烟囱的高度自然会解决这样的问题。因此，居民住房的烟囱被增加到超出房顶较高的高度。这尽管起到了一定的排烟作用，但是效果并不理想，而且，过分追求烟囱的高度容易导致烟囱倒塌造成人员等的伤亡事故。鉴于此，英国政府出台了相关法律法规限制居民住房烟囱的高度。然而，这些法律法规不针对工厂烟囱的高度。如此，19世纪英国工厂烟囱的高度逼近500英尺。这确实成为世界工业大国的标志。然而，仅仅依靠烟囱的高度并没能解决燃煤产生的煤烟污染。在燃煤时代，要解决这一问题，引入技术参与则显得非常有必要。

对煤烟烟囱而言，尤其是居民家庭烟囱来讲，它最大的麻烦是燃煤释放出大量的油烟会粘贴在烟道内壁上，从而将煤烟中大量的煤灰灰烬吸附在烟道内壁上。这种情况不利于煤烟的排出，对居民的生活产生很大的困扰。于是，人们便通过清扫烟囱维护烟囱最基础的功能。然而，英国居民家庭的烟囱出于保暖和防盗考虑修建得既窄小又曲折，造成清扫烟囱的儿童群体的存在。并且这种烟囱设计中也存在其他的缺陷，导致多起烟囱清扫儿童坠亡事故。基于这方面原因的考虑，一些慈善组织推动用机器代替儿童清扫烟囱运动，最终实现了机械化清扫烟囱。英国政府也通过立法对烟囱结构进行一些人性化的改造。尽管如此，煤烟的危害性在这一时期并没有得到任何改善。人们发现烟囱的修建以及增高仍然无法改善煤烟污染，而其他与燃煤有关的技术改进也逐渐提上了议事日程。

第五章 蒸汽机锅炉降烟改良

上一章我们主要探讨了 17 世纪英国居民普遍使用煤炭之后，针对煤烟污染，试图通过安装烟囱、清扫烟囱和加高烟囱的方式治理煤烟的过程。结果是仅仅依靠烟囱的高低或清洁烟囱等方式无法从根本上治理煤烟污染，烟囱仅代表人们治理煤烟污染的第一步。

18 世纪的英国社会，各行各业对煤炭的需求量不断增加。不仅制盐、制糖、啤酒酿造、面包烘焙、制铜、玻璃制造、黄铜制造以及制砖等行业加大煤炭使用量，而且冶铁、炼钢等行业对煤炭的依赖加强。而英国煤炭产量受到深矿井排水问题的限制。于是，托马斯·萨维利（Thomas Savery）、托马斯·纽考门（Thomas Newcomen）发明的蒸汽机极大地解决了煤矿排水问题。大量便宜的煤炭涌入英国市场，为各行各业提供了基础燃料。詹姆斯·瓦特改良的蒸汽机使得原来依靠人力、风力、水力的各行业从传统生产方式转为机器生产。相比居民烟囱的规模，工业烟囱则高高地耸立在不列颠各个地方，日夜释放着浓烈难闻的煤烟。这不仅对英国的民众健康，也对整个英国环境造成极大的影响。于是，英国社会中以迈克·安吉罗·泰勒（Michael Angelo Taylor）议员为代表的有识之士和一批蒸汽机燃煤炉的改良者为主的知识分子试图通过法律途径和技术改良来治理蒸汽机带来的煤烟污染。本章旨在考察 19 世纪早期英国工业化开展过程中，面对机器生产普遍化的情况，人们对蒸汽机排放煤烟产生的污染的态度以及面对这种污染采取的具体措施，进而了解这一时期人们治理煤烟污染的手段与之前有何不同，对煤烟污染的治理有无根本作用。

第一节　蒸汽机的产生与燃煤供应

17 世纪末 18 世纪初，随着各行各业中煤炭使用量的增加，煤炭供应显得越来越重要。因此，英国浅表煤田已经无法满足日益增加的煤炭需求量。大量的深矿井开始出现。到 17 世纪后半期深度超过 100 英尺的煤矿矿井已非常普遍。这对煤炭的挖掘造成极大的困难。一方面，各种有毒气体影响矿井的环境安全；另一方面深矿井的地下水渗透非常严重，导致矿工无法在井下作业。深度在 90 到 150 英尺的矿井几乎均不可避免地涉及排水问题。而英国人多数煤炭资源储藏在更深煤层。由此引发人们解决矿井排水的各种尝试。

当时人们排水的方式不外乎借助地势进行地下排水；另一种方式则只能通过各种方式将地下水送到地面上进行处理。显然，利用地势进行排水比较省力。如纽卡瑟尔（Newcastle）南部和西南部的高地煤层就可用这种方式有效地排水。这些地方到 18 世纪 60 年代还是通过地下坑道来排水。劳瑟家族（Lowther's）在怀特黑文（Whitehaven）的矿井主要通过大规模发展地下坑道的方式来排水。如 1700 年在豪吉尔（Howgill）地区首次挖掘了一个 400 码的坑道，后来随着此矿井挖煤区的扩大，该坑道又增加到 1400 码的长度。[1] 然而这种方式只适用于少数位于高地上的煤矿，且还需要有合适的地下矿井水的排入地，如，坎伯兰（Cumberland）、德比（Derbyshire）、南威尔士（South Wales）、萨墨塞特（Somerset）等地山区不太深的煤矿均使用这种地下坑道排水。[2] 对于大多数矿井而言没有这种有利的地势，并且挖一条地下排水坑也需要大笔开支，1716 年约克郡巴恩斯雷摩尔（Barnsley Moor）一条地下排水坑花费 1000 英镑，1791—1792 年在萨

---

① Michael W. Flinn, David Stoker, *The History of the Coal Industry*, Vol. 2: *1700 – 1830*: *The Industrial Revolution*, Oxford: Clarendon Press, 1984, p. 110.

② Michael W. Flinn, David Stoker, *The History of the Coal Industry*, Vol. 2: *1700 – 1830*: *The Industrial Revolution*, Oxford: Clarendon Press, 1984, p. 111.

墨塞特建了一个地下排水道花费 1200 英镑；除此之外，地下排水坑道的维护费用也很昂贵，它们常常被塌方或矿井水自带的瓦砾等杂物阻塞。① 不仅如此，对于地势平坦的矿区和更深的矿井而言无法利用地势进行地下坑道排水。他们只能想方设法将地下水送到地上进行处理。

18 世纪初地下矿井水抽到地面最常见的方式要么通过单个的水桶拉上地面，要么几个桶连续穿在一个链条上，或通过破布条和链条做成的辘轳来拉水。这些都用人力、风力、水力或畜力来解决。这一时期，利用风力排水在英国各大煤矿也非常普遍。如，1738 年英国东北地区的双堤坝（Double Dykes）煤矿、兰开夏郡的普雷斯科特豪尔（Prescot Hall）煤矿和苏格兰的法夫（Fife）都使用风力排水。② 但是，风力非常不稳定，每天仅有几小时可以利用风力。于是，利用水力排水便成为一些靠近河流的煤矿的主要方式。17 世纪晚期达勒姆（Durham）的拉姆利（Lumley）主要利用水车带动水泵抽水；18 世纪中期兰开夏郡西南部的温斯坦利（Winstanley）也利用水车抽水。③ 但是利用水力也受地理位置、水流、矿井的深度和资金的限制。有些人转而利用马力抽水。18 世纪初期煤矿矿井的最大部分的水是通过马力拉到地面的。马是一种昂贵的使用工具，不仅价格昂贵，而且照料费用也非常高，如，1775 年拉姆利的兰布顿（Lambton）煤矿有 28 匹拉辘轳的马，价值总计约 336 英镑；18 世纪 50 年代兰开夏西南部的奥勒尔（Orrell）煤矿 4 匹马需要 2 人来看护，每月需要 12 英镑 12 先令的运行费。④ 相比而言，1775 年伦敦一位工人的年薪为 30 英镑；西部各郡一位工人的年薪为 18 英镑 15 先令，兰开夏郡一位工人的年薪为 22 英镑

---

① Michael W. Flinn, David Stoker, *The History of the Coal Industry*, *Vol. 2: 1700 – 1830: The Industrial Revolution*, Oxford: Clarendon Press, 1984, p. 111.

② Michael W. Flinn, David Stoker, *The History of the Coal Industry*, *Vol. 2: 1700 – 1830: The Industrial Revolution*, Oxford: Clarendon Press, 1984, p. 112.

③ Michael W. Flinn, David Stoker, *The History of the Coal Industry*, *Vol. 2: 1700 – 1830: The Industrial Revolution*, Oxford: Clarendon Press, 1984, p. 112.

④ Michael W. Flinn, David Stoker, *The History of the Coal Industry*, *Vol. 2: 1700 – 1830: The Industrial Revolution*, Oxford: Clarendon Press, 1984, pp. 113 – 114.

10 先令①。18 世纪早期一位挖煤工每天的薪水仅为 10 到 12 便士，即使 18 世纪后期，每日薪水也仅为 24 便士②，无法与这些马儿的价格和费用相比。不仅如此，马匹每日工作的时间也相当有限，矿主一般采用轮班制让马儿轮流休息；1 匹马的一生也仅有十来年可以有效地工作。它们的工作效率也比较低下，每分钟抽水量最多为 100 加仑。③

由此可见，18 世纪初英国煤矿利用地势、风力以及马匹等手段对深矿井煤矿排水，效果微乎其微。除煤矿矿井面临严重的渗水问题外，其他如锡矿矿井、铁矿矿井等均面临这一问题。因此，这一时期研究既省钱、省力、又高效、且不受自然因素限制的排水方式是煤矿主梦寐以求的目标。蒸汽机的出现满足了这一时代的需求。

托马斯·萨维利（Thomas Savery）研制出了英国第一台蒸汽动力机。1698 年为了推动煤矿使用他的蒸汽动力机，他首先注册专利并开始在煤矿使用。第二年，议会通过了关于延长萨维利蒸汽机专利期限的法案，因此，萨维利蒸汽机在煤炭工业中的使用从最初 14 年的专利期延长了 21 年到 1733 年。④ 尽管萨维利本人曾在煤矿中做了大量的宣传，他于 1701 年 9 月 22 日写信给各位煤矿主，声称他的机器一方面可为煤矿主带来大量利润，另一方面使用方便；他本人也曾承诺，无论哪里的机器出现任何故障，他都会去修理它；不仅如此，他也向煤矿工人进行了宣传与介绍，他认为蒸汽机可以用在水磨坊、宫殿、排水沼泽以及为房子供水等工作中⑤。萨维利对自己的发明非常自信，他的承诺也很诱人。然而，萨维利的蒸汽机在最初由于各种性能方面的不成熟，很少应用在其他领域，即使在煤矿

---

① Basil Williams, *The Whig Supremacy* 1714 – 1760, Oxford：Clarendon Press, 1960, p. 127.

② Michael W. Flinn, David Stoker, *The History of the Coal Industry*, Vol. 2：1700 – 1830：*The Industrial Revolution*, Oxford：Clarendon Press, 1984, p. 387.

③ Michael W. Flinn, David Stoker, *The History of the Coal Industry*, Vol. 2：1700 – 1830：*The Industrial Revolution*, Oxford：Clarendon Press, 1984, p. 114.

④ Cort MacLean Johns, *The Industrial Revolution – Lost in Antiquity – Found in the Renaissance*, Raleigh：Lulu Publishing, 2019, p. 51.

⑤ Thomas Savery, *The Miner's Friend：Or, an Engine to Raise Water by Fire*, London：S. Crouch. 1827, pp. 7 – 50.

作业中，也很少被认可。如在斯塔福郡的威灵沃斯（Willingworth）煤矿
1706 年装置一台萨维利蒸汽机用来排水；仅有一台或两台用于城镇供水。①
有人评价萨维利的蒸汽机只能在富人家的花园做地基时使用，除此之外，
没有多大用处。② 1708 年时，英国煤矿作业中很少有人使用蒸汽机。这个
时候用蒸汽机从煤矿矿井抽水对绝大多数人而言只是听说，还没有人敢使
用它。③ 由此可见，萨维利蒸汽机的功能并不像他本人承诺的适用于任何
深度的矿井，甚至能将水从 500 英尺到 1000 英尺的井下抽出。④ 无论萨
维利的蒸汽机性能如何，我们却不得不承认它开启了一个蒸汽动力的
时代。⑤

　　萨维利的蒸汽机并没有很好地解决煤矿矿井的渗水问题。这一使命落
在托马斯·纽考门（Thomas Newcomen）肩上。纽考门与萨维利是同一时
代的人物。而且，两人均对蒸汽动力表现出浓厚的兴趣。但是纽考门是一
个埋头苦干的人，他并不是一位理论家，也不善于表现自己。萨维利却是
一位热衷于宣传自己的人物，他将自己的发明首先呈给国王威廉三世，又
呈给英国皇家协会，而且他四处宣传自己的发明，⑥ 导致他在专利申请上
占了先机。而纽考门的发明时间并不比萨维利晚多少。关于纽考门制作蒸
汽机的详细记录无从考证，他可能在 1705 年就已制造出了蒸汽机。但是，
现在能确定的是，他至少在 1712 年第一次将他的蒸汽机装置在斯塔福郡
（Staffordshire）靠近达德利城堡（Dudley Castle）深约 153 英尺的煤矿矿井

---

① Michael W. Flinn, David Stoker, *The History of the Coal Industry*, Vol. 2: *1700 – 1830: The In-dustrial Revolution*, Oxford: Clarendon Press, 1984, pp. 114, 115.

② James Lincoln Collier, *The Steam Engines*, New York: Marshall Caverndish, 2006, p. 10.

③ John Hatcher, *The History of the British Coal Industry*, Vol. Ⅰ: *Before 1700 Towards the Age of Coal*, Oxford: Clarendon Press, 1993, p. 231.

④ Thomas Savery, *The Miner's Friend: Or, an Engine to Raise Water by Fire*, London: S. Crouch, 1827, p. 45.

⑤ 有学者认为纽考门才是蒸汽机的发明者，参见詹姆斯·林肯·克里尔（James Lincoln Col-lier），*The Steam Engines*, p. 10。本书在此以萨维利蒸汽机专利申请为标志，认为它是蒸汽机的发明者。

⑥ Thomas Savery, *The Miner's Friend: Or, an Engine to Raise Water by Fire*. London: S. Crouch. 1827, pp. 7 – 50.

中，以每分钟12次的速率工作。① 纽考门蒸汽机应用了萨维利使用空气压力的原理，最初的纽考门锅炉非常庞大，其直径长达几英尺，一般由铜做成，圆形铅顶，锅炉下面是炉子，燃烧煤炭，这对煤矿矿井而言是非常容易的事情，但是对锡矿而言是非常昂贵的。因为，这个庞然大物如果运转起来需要燃烧大量的煤炭。在锅炉上面升起一个高高的铜质的汽缸。汽缸起初直径不超过1米，后来越来越大，甚至超过了3米，汽缸越大，它越有力，也能抽出更多的水。汽缸内是一个活塞，形状像一个巨大的碟盘，厚约0.3米。制造蒸汽机遇到的最大问题之一是让活塞紧紧地装进汽缸以致蒸汽压力不会沿着活塞周围逃逸出来。而纽考门蒸汽机的这一技术仅汽缸就值250英镑，整个蒸汽机也就值1007英镑。② 纽考门蒸汽机每分钟可能运行十二或十五下，运行一次需要4秒或5秒时间，活塞每秒运行距离约0.6米，活塞运动与机器的规格有关。③ 这种频率相比现在的技术而言可能是非常缓慢的，但是与当时的情况相比，其工作效率得到大大的提高，它们每小时可从深矿井抽水几千加仑，与马力每小时100加仑相比进步十几倍，而且与马匹相比，其费用非常便宜。曾有人这样评价纽考门发明的这台机器更加高效，正如特里格尔德（Tredgold）所观察到的那样，从实际意义上看，这样的结果应该比偶然发现一个物理原理更有价值，喷水冷凝蒸汽和喷射蒸汽将空气和水从汽缸中排出的方法，对发动机的有效运行非常重要；这些工艺对于改进后的蒸汽机的运行仍然是必要的。④

　　萨维利蒸汽机耗煤非常严重，如伦敦约克大楼的自来水厂就是因为燃煤过多而被停止运行。纽考门蒸汽机相比萨维利蒸汽机而言，其性能要比较成熟，但是，其运行成本亦非常昂贵。纽考门蒸汽机主要以功能大而获

① Richard L. Hills, *Power From Steam: A History of the Stationary Steam Engine*, Cambridge, New York, Melbourne: Cambridge University Press, 1989, p. 22.

② Richard L. Hills, *Power From Steam: A History of the Stationary Steam Engine*, Cambridge, New York, Melbourne: Cambridge University Press, 1989, p. 31.

③ James Lincoln Collier, *The Steam Engines*, New York: Marshall Caverndish, 2006, pp. 24 – 25.

④ Dionysius Lardner, *The Steam Engine Explained and Illustrated with An Account of Its Invention and Progressive Improvement*, London: Printed for Taylor and Walton, 1840, p. 73.

得人们的青睐。但是其对燃料的需求量要更大。因此，它一般被安装在矿业或经济收益较好的工厂。纽考门蒸汽机的发明真正推进了煤矿作业的机械化步伐。1710 年前第一台纽考门蒸汽机在康沃尔锡矿装置；1712 年煤矿装置了首台纽考门蒸汽机。1714 年在沃里克郡（Warwickshire）的格里夫（Griff）装置一台。这台蒸汽机每年需要 150 英镑运行、保养费用，它的劳动能力可代替一组 50 匹马拉泵的花费，50 匹马每年需要约 900 英镑的喂养和照料费。如此看来，纽考门蒸汽机的发明大大地提高了生产效率。截至 1729 年，纽考门建起了约 100 台蒸汽机。纽考门去世之后约有 1500 台纽考门蒸汽机在 18 世纪被装置使用，而且在欧洲和美洲地区均有使用。[1]在一些地区纽考门蒸汽机一直运行了两百多年。纽考门蒸汽机极大地增加了欧洲对煤炭的需求量，这为工业革命在欧洲的展开奠定了基础。

　　18 世纪纽考门蒸汽机在英国煤矿安装的数量越来越多。1744 年沃里克又装置 3 台蒸汽发动机。[2] 至 1733 年，萨维利蒸汽机的专利到期时，纽考门蒸汽机在英国煤矿的使用情况大致为：苏格兰 7 台，坎伯兰 1 台，兰开郡 1 台，北威尔士 4 台，南威尔士 2 台，西密德兰 32 台，东密德兰 3 台，约克郡 2 台，东北地区 26 台。总共 78 台。[3] 实际上，纽考门蒸汽机在英国煤矿中的扩大使用在 18 世纪中后期达到高潮。我们可通过下表来看：

表 5-1　　　　1734—1775 年煤矿矿区使用纽考门动力机分布[4]

矿区　　　年份	1734—1739	1740—1749	1750—1759	1760—1769	1770—1775	总计
苏格兰	1	1	0	20	12	34
坎伯兰	2	1	0	3	0	6

　　[1]　James Lincoln Collier, *The Steam Engines*, New York：Marshall Caverndish, 2006, p. 27.

　　[2]　Michael W. Flinn, David Stoker, *The History of the Coal Industry*, Vol. 2：1700–1830：*The Industrial Revolution*, Oxford：Clarendon Press, 1984, pp. 116, 119.

　　[3]　Michael W. Flinn, David Stoker, *The History of the Coal Industry*, Vol. 2：1700–1830：*The Industrial Revolution*, Oxford：Clarendon Press, 1984, p. 121.

　　[4]　Michael W. Flinn, David Stoker, *The History of the Coal Industry*, Vol. 2：1700–1830：*The Industrial Revolution*, Oxford：Clarendon Press, 1984, p. 122.

续表

矿区 \ 年份	1734—1739	1740—1749	1750—1759	1760—1769	1770—1775	总计
兰开郡	0	3	3	7	6	19
北威尔士	2	1	0	4	0	7
南威尔士	0	0	3	6	1	10
西南地区	2	8	8	13	2	33
西密德兰	5	6	9	2	12	34
东密德兰	3	1	1	8	6	19
约克郡	2	4	4	2	14	26
东北地区	6	24	22	75	6	133
总计	23	49	50	140	59	321

由上表可知，苏格兰煤矿在 1760 年之前仅有约 9 台纽考门蒸汽机，而在 1760—1775 年之间，增加了 32 台；兰开郡的煤矿在 1760—1775 年之间增加了 13 台；威尔士地区共增加了 11 台；东北地区煤矿在 1760—1775 年期间增加了 75 台，截至 1775 年，东北地区煤矿是整个英国煤矿拥有蒸汽机最多的地区，占总量 321 台中的 133 台。

纽考门蒸汽机的使用寿命有限，但是由于它运行速度缓慢，降低了它磨损或损坏的速度，如果仔细保养，它的使用年限会较长。如约克郡埃尔斯卡（Elsecar）煤田在 1795 年装置的一台纽考门蒸汽机一直运行到 1923 年。[①] 另一方面，缓慢的速度加上它的汽缸被改造得越来越大，因此，它通常被装置多个炉子，这极大地增加了它对燃料的需求量。因此，它除了在煤矿地区受到极大欢迎外，在其他领域的装置受到了耗煤量大的限制。18 世纪末，英国煤矿的产煤量得到极大的提高。19 世纪南威尔士、斯塔福德郡、苏格兰等地更便宜的煤炭进入英国煤炭市场，从这个角度来讲，纽考门蒸汽机完成了它的使命。

---

① Michael W. Flinn, David Stoker, *The History of the Coal Industry*, Vol. 2: 1700 – 1830: *The Industrial Revolution*, Oxford: Clarendon Press, 1984, p. 122.

纽考门蒸汽机的蒸汽完成了劳动之后，在汽缸的同一个地方冷凝成水，从而造成巨大的燃料浪费和功率损失。面对纽考门蒸汽机的缺点，曾出现了一批蒸汽机的改良者。以詹姆斯·瓦特（James Watt）最为出色。为了弥补纽考门蒸汽机的上述缺陷，瓦特在一个单独的容器中使用了一个单独的冷凝器冷却蒸汽，并将其重新转化为水。[1] 1769 年，詹姆斯·瓦特对他改良的蒸汽机申请了专利保护。这种改良后的蒸汽机最大的特征就是分离式冷凝器的使用。分离式冷凝器极大地提高了蒸汽机的效率，降低了蒸汽机的燃料消耗量。有人曾对豪克斯伯里煤矿（Hawkesberry Colliery）的两台不同类型的蒸汽机做过一个试验，结果表明：瓦特发动机在48 小时内将99.711 立方英尺的水提升到130 码（约390 英尺）的高度，消耗了4 吨16 英担煤炭；而纽考门发动机在相同的时间内仅将84.124 立方英尺的水提到相同的高度，并且消耗了17 吨18 英担的煤炭。[2] 从这一实验可以看出瓦特蒸汽机的经济价值非常可观。到1800 年，能确定的是在煤矿有828 台瓦特蒸汽机，也有可能在950—1000 台之间。[3] 但是许多煤矿矿主为了避免支付额外的专利版权费，直到18 世纪末19 世纪初才开始大规模装置瓦特蒸汽机。

1800 年博尔顿—瓦特蒸汽机专利期限（1763—1800）结束后，它在制造业中的安装开始普及起来。这种情况彻底改变了英国的工业布局。冶铁业从原来的沿河流域快速收缩，什罗普郡（Shropshire）在18 世纪70 年代时铁产量占英国铁产量的40%，到1815 年时，因蒸汽机引入冶铁业，该郡的铁产量下降到12.5%，而南威尔士和斯塔福德郡（Staffordshire）的铁产量占英国铁总量的三分之二；19 世纪20 年代后期苏格兰冶铁业也快速

① Thomas Spencer Baynes, *The Encyclopaedia Britannica or Dictionary of Arts, Sciences, and General Literature, Seventh Edition, with Preliminary Dissertations on the History of the Sciences, and Other Extensive Improvements and Additions: Including the late Supplement, A General Index, and Numerous Engravings*, Vol. 20, Edinburgh: Adam And Charles Black, 1862, pp. 407 – 413.
② Michael W. Flinn, David Stoker, *The History of the Coal Industry*, Vol. 2: *1700 – 1830: The Industrial Revolution*, Oxford: Clarendon Press, 1984, p. 124.
③ Michael W. Flinn, David Stoker, *The History of the Coal Industry*, Vol. 2: *1700 – 1830: The Industrial Revolution*, Oxford: Clarendon Press, 1984, p. 127.

扩张。① 随着冶铁技术的提高，铁路、造船行业开始大力发展。在 18 世纪 60 年代英国伦敦船坞建造的船只规模已有三层甲板的长途运输船只，而吨位在 300—500 吨的船只已属非常普通的小船。② 在 19 世纪 40 年代后期，英国铁路消费其国内铁产量的 30% 到 40%；18 世纪后期运河的开通为煤炭的运输和消费提供了极大的便利，运河船运货物在 19 世纪 40 年代早期达到 3000 万吨到 3500 万吨，其中煤炭是最为普遍的运河船运货物，到 1833 年，利物浦运河船运的 584950 吨货物中有 270753 吨为煤炭，到 19 世纪中期，英国有 25000 艘驳船运输货物。③ 与此同时，棉纺织中心从原来的德比郡峰区（Derbyshire Peak District）和斯塔福德郡转入兰开夏。1806 年曼彻斯特建起了第一台蒸汽动力织机，12 年后，此地约有 2000 台蒸汽动力织机；1835 年整个英格兰有 85000 台蒸汽织机，苏格兰有 15000 台；1832 年，708 艘船只中吨位超过 300 吨的占总数的 40%。④ 1823 年，英国铁路仅有 28 台蒸汽机车，到 19 世纪中期，英国铁路开始飞速发展，蒸汽机车大量应用于铁路运输。⑤ 由此可见，蒸汽机的出现源于人们对煤炭的需求，反过来，煤炭的大量生产又成就了蒸汽机的普及。说到底，煤炭将人类送入了一个前所未有的发展时代，在人类进步史上留下了浓重的一笔。

当大量的蒸汽机应用在各行业中时，工业燃煤时代真正来临。这一时期英国的煤炭消耗量已从 1700 年的约 250 万吨到 300 万吨上升到 1800 年的约 1500 万吨，英国已使用了欧洲其余国家燃煤量的五倍；到 1830 年又

---

① Chris Williams ed., *A Companion to Nineteenth - century Britain*, Oxford：Blackwell Publishing, 2004, p. 228.

② J. Steven Watson, *The Reign of George Ⅲ 1760 - 1815*, Oxford：Clarendon Press, 1960, pp. 14 – 18.

③ Chris Williams ed., *A Companion to Nineteenth - century Britain*, Oxford：Blackwell Publishing, 2004, p. 232.

④ Llewellyn Woodward, *The Age of Reform 1815 - 1870*, Oxford：The Clarendon Press, 1962, pp. 4, 5.

⑤ Chris Williams ed., *A Companion to Nineteenth - century Britain*, Oxford：Blackwell Publishing, 2004, p. 233.

上升到 3000 万吨，1850 年左右又上升到 7000 万吨。[①] 煤烟被夜以继日运转的机器加倍地排入空气中。它不仅来自煤矿、其他工厂、铁路沿线，也来自河流上空。浓烟不仅笼罩着首都伦敦，而且在英国的各大工业城市腾空升起。曼彻斯特、约克、利兹、格拉斯哥等城市相继崛起。这些机械化时代的煤烟都有一个共同的来源——蒸汽机燃煤炉。纽考门蒸汽机的出现实现了萨维利蒸汽机最大的愿景，它真正地将大量积水排出矿井，相比之前，在人力、物力、畜力方面节省了不少。只是它的出现仍然仅供煤矿或少数大企业使用，瓦特改良的蒸汽机真正具备了普及蒸汽机的所有条件。然而，这三代蒸汽机均没有考虑煤烟污染环境的问题。于是不同身份的人士开始从不同角度努力去治理蒸汽机的煤烟污染。

第二节　泰勒法案减排蒸汽机煤烟

伦敦作为英国的首都，是英国最早（于 1698 年）装置蒸汽机的地方，也是世界最早装置蒸汽机的地方，1776 年首次装置瓦特蒸汽机，到 1800 年蒸汽机总量达到 121 台，其中燃煤量极大的纽考门蒸汽机数量高达 44 台，其余全部为瓦特蒸汽机。[②] 这些数据说明伦敦早已开始使用蒸汽机。如，约克大楼自来水厂早在萨维利蒸汽机问世时就已引入使用；到 1775 年，伦敦已有十家蒸汽机操作的水务公司：约克大楼公司（the York Buildings Company）、切尔西自来水厂（the Chelsea Waterworks）、珊德威尔自来水厂（the Shadwell Waterworks）各有两台蒸汽机，新河自来水公司（New River Waterworks），西翰姆自来水厂（West Ham Waterworks）和兰贝斯自来水厂（Lambeth Waterworks）各有一台蒸汽机；1800 年，博尔顿和瓦特（Boulton & Watt）公司又出售给伦敦水务公司十台改良的蒸汽机；1804

① Chris Williams ed., *A Companion to Nineteenth - century Britain*, Oxford：Blackwell Publishing, 2004, p. 228.

② Alessandro Nuvolari, BartVerspagen, Nick von Tunzelmann, "The early Diffusion of the Steam Engine in Britain, 1700 - 1800：A Reappraisal", *Cliometrica*, Vol. 5, 2011, pp. 291 - 321.

年，该公司将最大的蒸汽机出售给切尔西自来水厂以代替 1741 年的蒸汽机；切尔西自来水厂在 1809 年和 1818 年增加了两台以上蒸汽机；1806 年之后，许多新的水务公司建立，所有这些新公司均使用大功率蒸汽机抽水，包括东伦敦自来水厂（the East London Waterworks），西麦德塞克斯自来水厂（the West Middlesex Waterworks）和大枢纽自来水厂（the Grand Junction Waterworks）；随着人口持续增加和工业的继续发展，水务公司为越来越多的人口供水，甚至新河自来水厂使用蒸汽机将水抽到伦敦西区（the West End）；据统计，1750 年新河自来水厂约 10% 的蓄水池的水是由蒸汽机抽水，占供水家庭的约 15%，1775 年上升到 20%，1800 年又上升到 35%，1820 年上升到 60%。① 除了自来水公司扩大蒸汽机使用规模外，泰晤士河上来来往往的蒸汽船只，伦敦蒸汽机动力面粉厂、制砖、冶铁、印刷等行业均逐渐引入蒸汽技术。而蒸汽机在此行业中的使用又增加了伦敦煤烟污染的比例。这些蒸汽机的使用加大了伦敦燃煤的需求量，如 1760 年，输入伦敦的煤炭约为 65 万吨；三年后，约为 99 万吨，1801 年上升到 129 万吨，十年之后上升到 149 万吨；1813 年已上升到 180 万吨。② 与此同时，这些燃煤蒸汽机释放出大量的煤烟严重影响了人们的日常生活。如约克大楼的自来水厂在最初使用萨维利蒸汽机时，因产生大量浓烈难闻的气味引起附近居民的不满，曾在一段时间里不得不停止使用；除此之外，伦敦泰晤士河港口是英国国内通往国际的主要水运集散地。大大小小的蒸汽机货船不分昼夜穿梭在泰晤士河上，喷出浓浓的煤烟。曾有作家描述了 19 世纪 20 年代伦敦城泰晤士河上的船只忙碌的景象：身体庞大的巨型船只整夜在泰晤士河上飞梭穿行，在一声声汽笛的嘶吼声中伴随着永不停息的煤烟从烟囱中喷涌而出。③ 伦敦的居民不得不紧闭大门以防止烟雾的入侵。

———————————

　　① Leslie Tomory, *The History of the London Water Industry*, *1580 – 1820*, Baltimore：Johns Hopkins University Press, 2017, pp. 118 – 119.

　　② Robert Edington, （Second Edition）, *A Treatise on the Coal Trade*, London：Printed for J. Souter, 1814, pp. vi, 153.

　　③ Henry Luttrell, *Advice to Julia: A Letter in Rhyme*, London：John Murray, 1820, pp. 106 – 107, 129, 156 – 157.

尽管如此，伦敦泰晤士河沿岸的大量工厂释放出的浓烟还是无孔不入。

议员迈克·安吉罗·泰勒（Michael Angelo Taylor）家的花园受到泰晤士河沿岸工厂释放的煤烟的侵蚀，摧残了他家的花草，也导致他本人无法在花园里散步。1819年6月8日，泰勒发起了一场反蒸汽机释放煤烟的运动。泰勒也向议会提交了关于伦敦烟问题的议案。在此议案中泰勒的主要目标是限制所有工厂或作坊的蒸汽机释放煤烟。泰勒提出治理煤烟的理由是从泰晤士河沿岸工厂释放出的大量煤烟熏黑了他家花园的花[1]，也影响了他本人在花园以及附近散步。而这些来自泰晤士河畔的烟被他本人证明是来自兰贝斯水厂的烟。该水厂的蒸汽机工作时，从蒸汽机烟囱中释放出大量的浓烟，长期以来对此地及周围环境造成了较大的影响。迈克·安吉罗·泰勒和他的邻居利物浦爵士均无法在他们被烟雾缭绕的花园里散步。于是他和利物浦爵士决定选择起诉。[2] 他之所以如此认为，是因为19世纪20年代左右，伦敦自来水厂则几乎全部分布在泰晤士河沿岸，因为它们将泰晤士河水经过处理输送给伦敦居民[3]。自来水厂应用蒸汽机的情况我们在上文已有描述，而每台蒸汽机使用煤炭的情况正如在1821年当新河自来水厂的工程师威廉·查德威尔·曼尔尼（William Chadwell Mylne）接受调查时明确地说出，他们厂使用燃煤蒸汽机，且每年消耗煤炭在600吨左右。他们使用3台约为63马力的蒸汽机，如果将水提升10英尺高时，每1.5吨煤炭仅能提供当时房子在20英尺高的一半用户的用水量；而随着人口的增加和楼层的提高，因供水而消耗的煤炭亦迅速增加。[4] 当然，这些自来

① Eric Ashby and Mary Anderson, *The Politics of Clean Air*, Oxford: Clarendon Press, 1981, p. 3.

② Great Britain, House of Commons of Parliament, *The Parliamentary Debate's, Forming a Continuation of the Work Antitled "The Parliamentary History of England from the Earliest Period to the Year 1803" Published Under the Superintendence of T. C. Hansard, Commencing with the Accession of George IV. Vol. V. Comprising the Period from the Third Day of April to the Eleventh Day of July 1821*, London: Printed by T. C. Hanzard, 1822, p. 440.

③ http://www.ph.ucla.edu/epi/snow/1859map/westmiddlesex_ waterworks_ a2. html, 2019. 10. 18.

④ William C. Mylne, *Report From the Select Committee on the Supply of Water to the Metropolis: Minutes of Evidence taken Before Select Committee*, London: Ordered to be printed by the House of Commons, 18 May, 1821, p. 5.

水厂的烟囱里释放出大量的煤烟和它们日夜不停息的蒸汽机轰鸣声确实引起附近居民的厌恶。

　　然而，迈克·安吉罗·泰勒反烟的目光并不局限在伦敦城或影响自己家花园的自来水厂的煤烟。他在议会的陈词中声称在伦敦、曼彻斯特、伯明翰、利物浦和其他大型制造业所在地释放的煤烟，同样使当地居民无法居住、肯定要改进。[①] 随后，泰勒提出蒸汽机议案的每一次内容均会提到煤烟对人们的健康有害，降低人们生活环境的舒适度，而且也损毁了工厂附近居民的财产。[②] 泰勒在讲到他对煤烟不满的源头来自伦敦泰晤士河边兰贝斯自来水厂的蒸汽机的烟囱。他说，在那里一台蒸汽机长期以来释放大量煤烟，虽然兰贝斯自来水厂在泰晤士河的另一边，但是煤烟却随风侵入他所居住的区域。他认为这种煤烟对靠近蒸汽机的居民的损害应该是最严重的。除此之外，泰勒委员会曾提到一位牧师，修建了规模较大的学校之后却发生了煤烟影响居住的情况：他的房子附近架起了一台制造业蒸汽机，每当蒸汽机不停歇地工作时，便释放大量的煤烟，直接导致牧师的房子无法居住，因此，他不得不离开他的房子。[③] 从泰勒的提议中可以看出当时在伦敦和类似曼彻斯特的大工业城市，煤烟已经足以对当地居民的居住环境产生明显的威胁了。因此，泰勒将降烟的目标投向了全英国的蒸汽机。而且，他打算要将这种降烟的法案引入英国所有受煤烟影响的地区，不管乡村还是城市，应该预先通知那些蒸汽机的所有者

---

　　① Ayuka Kasuga, *Views of smoke in England*, 1800 – 1830. PhD thesis, University of Nottingham, (2013), http：//eprints. nottingham. ac. uk/13991/1/Thesis _ final _ draft _ after _ viva _ for _ online. pdf, p. 148.

　　② Great Britain, House of Commons of Parliament, *The Parliamentary Debate's*, *Forming a Continuation of the Work Antitled "The Parliamentary History of England from the Earliest Period to the Year 1803" Published Under the Superintendence of T. C. Hansard*, *Commencing with the Accession of George Ⅳ. Vol. Ⅴ. Comprising the Period from the Third Day of April to the Eleventh Day of July 1821*, London：Printed by T. C. Hanzard, 1822, p. 439.

　　③ Great Britain, House of Commons of Parliament, *The Parliamentary Debate's*, *Forming a Continuation of the Work Antitled "The Parliamentary History of England from the Earliest Period to the Year 1803" Published Under the Superintendence of T. C. Hansard*, *Commencing with the Accession of George Ⅳ. Vol. Ⅴ. Comprising the Period from the Third Day of April to the Eleventh Day of July 1821*, London：Printed by T. C. Hanzard, 1822, p. 439.

要求他们减排煤烟，如果蒸汽机的所有者没有降低煤烟，则会对他们提起诉讼。①

1819年6月8日泰勒向议会引入的反烟议案引起了议会大多数成员的关注。这是英国议会第一次关注蒸汽机释放煤烟问题。并且，英国议会分别于1819年和1820年任命迈克·安吉罗·泰勒成立两个特别委员会调查降低蒸汽机煤烟释放问题。于是，以泰勒为首、由约21位成员组成的特别委员会首先针对工厂蒸汽机熔炉烟囱释放煤烟的问题展开调查，并且要查清降低这种煤烟的措施在多大程度上是切实可行的，还要将这些调查情况汇报给下院。② 泰勒在调查中了解到一位约西亚·帕克斯（Josianh Parkes）的商人为蒸汽机燃煤炉装置了一台吸烟机；帕克斯本人也向泰勒介绍了这种吸烟机可以有效地使熔炉吸收自己产生的煤烟。③ 于是，1819年7月12日，迈克·安吉罗·泰勒先生向议会下院呈交了降低工厂蒸汽机燃煤炉煤烟的可行性报告，在议会下院被宣读。④ 此后，泰勒打算任命一个特别委员会调查降低蒸汽机煤烟的可行性。1820年7月5日，泰勒特别委员会的报告呈递到英国议会下院。⑤ 该委员会调查了那些使用蒸汽机的工厂安装降烟设备的可行性，所有被咨询的技术人员均认为这是一件容易操作的事

① Great Britain, House of Commons of Parliament, *The Parliamentary Debate's*, *Forming a Continuation of the Work Antitled "The Parliamentary History of England from the Earliest Period to the Year 1803" Published Under the Superintendence of T. C. Hansard*, *Commencing with the Accession of George Ⅳ. Vol. Ⅴ. Comprising the Period from the Third Day of April to the Eleventh Day of July 1821*, London: Printed by T. C. Hanzard, 1822, p. 440.

② Great Britain, House of Commons of Parliament, *Journals of the House of Commons: From August the 4th, 1818, in the Fifty – eighth Year of the Reign of King George the Third, to Novermber the 2d, 1819, in the Sixtieth Year of the Reign of King George the Third*, Vol. 74, London: Sess. 1819, p. 508.

③ ［澳］彼得·布林布尔科姆：《大雾霾：中世纪以来的伦敦空气污染史》，上海社会科学院出版社2016年版，第151页。

④ Great Britain, House of Commons of Parliament, *Journals of the House of Commons: From August the 4th, 1818, in the Fifty – eighth Year of the Reign of King George the Third, to Novermber the 2d, 1819, in the Sixtieth Year of the Reign of King George the Third*, Vol. 74, London: Sess. 1819, p. 629.

⑤ Great Britain, House of Commons of Parliament, *The Journals of the House of Commons, From November the 23d, 1819, In the Sixtieth Year of the Reign of King George the Third, to November the 23d, 1820, In the First Year of the Reign of King George the Fourth*, Vol. 75, London: Sess., 1819 – 1820, and 1820, p. 401.

情。之后，委员会召集了一些发明家和制造商分析调查结果，并且很快得出结论——降低工厂蒸汽机燃煤炉的煤烟是可行的。这种论调一方面吸引了人们的眼球，另一方面，也增加了该委员会的信心。

　　不仅如此，泰勒法案的提出对普通居民而言具有双重意义。在泰勒法案之前，民众对煤烟一直持隐忍态度，其中的原因实际上触碰到了英国体制问题。上文中提及的那位牧师据说可能会通过起诉而获得较大一笔赔偿，前提是被起诉的人不会支付诉讼费，而且这笔诉讼费用比一般认为的要可观得多；一经起诉，起诉者必须支付诉讼费用。大多数居民因无力支付诉讼费用常常选择忽视有害垃圾。[1]

　　针对这种情况，迈克·安吉罗·泰勒首先动议议会成立两个委员会审议，以改变以往对垃圾危害性的调查处理，委员会调查煤烟的妨害程度。这种调查在两个月的时间内很快就有了结果。并且，泰勒委员会经过协商后便起诉相关蒸汽机的所有者，并告知他们通过引入一种吸烟器便会迅速而有效地解决蒸汽机运行中产生的煤烟垃圾；为了要解决煤烟以及要鼓励人们去起诉，泰勒首先要解决支付起诉费用的问题。因此，泰勒建议根据事先通知蒸汽机所有者后还没有减除任何煤烟的相关责任人必须缴纳一定的罚款；泰勒指出如果蒸汽机的所有者没有降低他所提及的煤烟，一经起诉，由拥有管辖权的法官命令被起诉的一方支付由此起诉而产生的费用，并且在判决前，也命令合适的人员调查这种被起诉的煤烟是否肯定能被降低。[2] 这样一来，泰勒议案便为民众起诉这类煤烟污染提供更大便利，这

　　① Great Britain, House of Commons of Parliament, *The Parliamentary Debate's*, *Forming a Continuation of the Work Antitled "The Parliamentary History of England from the Earliest Period to the Year 1803" Published Under the Superintendence of T. C. Hansard*, *Commencing with the Accession of George Ⅳ. Vol. Ⅴ. Comprising the Period from the Third Day of April to the Eleventh Day of July 1821*, London: Printed by T. C. Hanzard, 1822, pp. 439 – 440.

　　② Great Britain, House of Commons of Parliament, *The Parliamentary Debate's*, *Forming a Continuation of the Work Antitled "The Parliamentary History of England from the Earliest Period to the Year 1803" Published Under the Superintendence of T. C. Hansard*, *Commencing with the Accession of George Ⅳ. Vol. Ⅴ. Comprising the Period from the Third Day of April to the Eleventh Day of July 1821*, London: Printed by T. C. Hanzard, 1822, pp. 440 – 441.

种规定彻底改变了长期以来起诉者支付诉讼费的英国法律，鼓励那些受煤烟侵害的贫困者拿起法律武器捍卫自己的权利。从这个意义来讲，泰勒的议案具有开创性的作用。

然而，如此利民的议案却在议会两院中遭遇了各种各样的阻挠和压力。并且，泰勒为了推动议会通过该议案，最终不得不接受议会的修正案。该修正案已经大大改变了泰勒最初提议的目标与方向。我们首先来了解该议案在英国下院引起的争议：

特里梅因先生（Mr. Tremayne）对泰勒议案总的原则是赞成的，但是却认为泰勒议案的条款适用于矿区蒸汽机燃煤炉是出于权宜之计，其减除煤烟危害的目标根本无法达到。

D. 吉尔伯特先生（Mr. D. Gilbert）说，泰勒议案肯定被其他人看作是对新宪法而言无足轻重的议案，看起来是对一些毫无根据的投诉或源于一点小麻烦的立法，实际上在防范重大工厂的煤烟破坏方面是非常有必要的。

M. W. 雷德利（M. W. Ridley）支持该议案，他提到在诺森伯兰的一个矿区使用了一定数量的蒸汽机，这些蒸汽机通过使用吸烟器降低了煤烟排放。

艾尔德曼·伍德先生（Mr. Alderman Wood）说，在康沃尔（Cornwall）不存在人们对蒸汽机的起诉，因此，泰勒议案最好在没有人起诉的郡的矿区具有豁免权。如果不采纳这样的豁免权建议，则该议案一定会遭遇更大的反对。仅康沃尔可能会派出一个十分庞大的力量反对此议案的通过。[①]

由此可见，该议案在英国议会引起了较大的争议。有些议员尽管大体上赞成该议案，但是对一些区域蒸汽机的降烟表示怀疑；有的议员则认为

---

① Great Britain, House of Commons of Parliament, *The Parliamentary Debate's*, *Forming a Continuation of the Work Antitled "The Parliamentary History of England from the Earliest Period to the Year 1803" Published Under the Superintendence of T. C. Hansard, Commencing with the Accession of George Ⅳ. Vol. Ⅴ. Comprising the Period from the Third Day of April to the Eleventh Day of July 1821*, London: Printed by T. C. Hanzard, 1822, p. 441.

该议案应该将重点放在具有严重破坏力的工厂上，而不应该将一些小工厂或小型作坊纳入防范的对象；有的议员则大力支持该议案，并且以特殊的煤矿矿区的降烟情况说明该议案确实在防烟方面产生了非常良好的效果；但是还有一些议员则对该议案产生抵触情绪，他认为在自己所在的郡内并没有人起诉煤烟问题，最好能够拥有该议案关于降低煤烟问题的豁免权。显然，这样的议员代表了资本的力量。

面对各种质疑的声音，泰勒先生表达了他的决心——此议案不会去排除任何特殊的区域或郡县，如果议会同意引入这样一种条款，他会放弃整个议案。①

1821 年 5 月 7 日，泰勒先生已在下院动议参加该法案的委员会的日期顺序。在随后关于该法案的讨论中，不同的议员又产生了不同的看法。其中，利特尔顿先生建议（Lyttleton）该法案应该至少延期一年进行，他说如果蒸汽机的排烟设计性能良好，它可能会在没有任何立法的情况下发挥它的作用；如果它不是一个良好的设计，它不应该迫使国家立法。这一措施是否仅限大都市呢？英国有许多地方的煤烟均可能极为有害。仅斯坦福郡南部有约 2000 台蒸汽机，在它的邻郡则至少有约 5000 多台蒸汽机。议会可能会针对这些蒸汽机的煤烟强征一种费用或税收。如果泰勒先生坚持推进这些措施，他可能会建议此措施不应该延伸到熔炼炉或矿石蒸汽机领域。

J. 史密思（J. Smith）先生则对利特尔顿先生的反对意见感到惊奇。他认为利特尔顿先生似乎忘记当前穷人所受的来自蒸汽机煤烟的伤害。他代表伦敦遭受烟侵害的穷人阶层：这个穷人阶层是通过为别人提供清洁服务谋生的阶层。如果在这些穷人附近建起一台蒸汽机，他们的职业也将被一起毁掉。

---

① Great Britain, House of Commons of Parliament, *The Parliamentary Debate's*, *Forming a Continuation of the Work Antitled "The Parliamentary History of England from the Earliest Period to the Year 1803" Published Under the Superintendence of T. C. Hansard*, *Commencing with the Accession of George Ⅳ. Vol. Ⅴ. Comprising the Period from the Third Day of April to the Eleventh Day of July 1821*, London: Printed by T. C. Hanzard, 1822, p. 441.

C. 卡尔文特（C. Calvert）先生说，他会支持该议案。他本人有一台庞大的蒸汽机，但是他使用了吸烟器，且非常成功。他所使用的吸烟器可以在任何机器上使用。当使用这种吸烟器后，人们会注意到一大股煤烟可能会在一会儿工夫被吸收掉。卡尔文特先生是针对有人宣传巴克莱和珀金斯先生（Messrs. Barclay and Perkins）关于使用该仪器彻底失败的言论提出了上述观点，并且还当众宣读了一封来自珀金斯先生的信，信中声明他使用该仪器是完全成功的。由此可知，当时，该议案在议会内部引起的争论是非常激烈的。

吉尔伯特（D. Gilbert）先生认为，尽管在大都市和大城镇采纳该方案会有好处，但是他反对将此议案强制延伸到制造业地区。

巴克斯顿（Buxton）先生对此议案持反对态度。因为该议案中的吸烟方案在许多试验案例中完全失败了。他认为这个实验是最荒谬的。尽管吸烟措施在巴克莱的啤酒酿造厂成功了，但是它是以耗费大量额外的燃料为代价的。如果在巴克斯顿家的蒸汽机上推行该措施，它绝不可能产生任何效果。因此，巴克斯顿先生希望该议案延缓一年或两年实施。如果不延长时间，他会将此议案作为修正案来推行。

克洛尼尔·伍德（Colonel Wood）先生说，他本人代表使用蒸汽机的郡，他认为反对推进这一议案是他的职责。

玛伯利（Maberly）先生相信该议案的推动者可能会考虑延长议案推行的时间，以当前的形势它要被迫进行试验。法庭务必要求检验由每一位推荐者建议的每一个实验的优点。他认为议案的推动者务必要展示议案产生的效果。

科温（Curwen）先生支持该议案。他确信他做的实验被建议改良后可能会产生最终节省燃料、降低煤烟释放的效果。①

---

① Great Britain, House of Commons of Parliament, *The Parliamentary Debate's*, *Forming a Continuation of the Work Antitled "The Parliamentary History of England from the Earliest Period to the Year 1803" Published Under the Superintendence of T. C. Hansard*, *Commencing with the Accession of George Ⅳ. Vol. V. Comprising the Period from the Third Day of April to the Eleventh Day of July 1821*, London：Printed by T. C. Hanzard, 1822, pp. 535 - 536.

由此可见，针对该法案的规定，下院议员中仍然出现两种不同的声音。一种认为该议案应该延迟推行，或没必要推行，原因是如果此议案中规定的改良措施是非常可行的，则没必要通过法律途径强制进行改良，市场会做出更好的调控，会让这一改良措施发挥它的作用。还有一种反对理由则从技术层面否定该议案规定的改良措施，称这些措施无法产生良好的效果。还有一种反对理由则直接亮出底牌，声称自己代表了蒸汽机使用量较大的郡，因此，他必须反对此议案的推进。尽管这些反对意见各有理由，但是均代表了使用蒸汽机的资本家群体，毫无疑问，该议案的推动对这一群体的影响较大，一方面约束了这一群体的行为，另一方面增加这一群体购置吸烟器的成本或因缴税而增加的生产成本，因此，他们极力抵制此议案的推进。与此意见相反的一些议员极力赞成该议案的推进，他们中的一部分人代表了穷人的利益，认为这些蒸汽机对穷人的身体健康和居住环境均构成了威胁，因此，赞成此议案的推进。还有一部分赞成此议案的议员主要是那些愿意在自己工厂的蒸汽机上装置吸烟器的工厂主，他们首先进行试验后认为吸烟器适合自己拥有的蒸汽机，并且取得了良好的效果。

　　针对上述意见，泰勒进一步表明立场，他说，如果下院考虑到当前法律的状态，任何公正的人可能会毫不犹豫地同意该议案。如果它影响到那些住在蒸汽机附近人群的健康、舒适度或房子，可能每一台蒸汽机现在都应该被起诉为一种公害的制造者。在康沃尔和其他地方，蒸汽机没有被起诉的原因是那些遭受蒸汽机侵害的人一般都是受蒸汽机的业主保护的。另一方面，蒸汽机被引入农村导致财产的巨大损失，受害者没有能力起诉。被建议的议案是为了使法庭偿还受害者的费用，因为被告很顽固，或当真正存在对受害者不公正的情况时，议案要赔偿这种妨害。法案对大城市的这种污染进行了严格约束，在乡村为什么不应该和大都市一样降低这种妨害？为什么农村一位拥有一所学校的牧师被煤烟熏走了呢？为什么曼彻斯特、利物浦、利兹的煤矿工人要被煤烟骚扰呢？只要各位议员读了上述两个委员会的报告，肯定会同意此计划的可行性。泰勒先生介绍了以很小的代价而获得降烟成功的人士的情况。巴克斯顿先生（Mr. Buxton）肯定使用了一台设计欠佳的蒸汽机。[①]

然而，泰勒先生的报告以及一些成功的例子并没有使争议平息。加斯科因将军（General Gascoyne）阅读了一封来自利物浦大企业主的信，信中声明泰勒先生的报告中所提的新吸烟器不仅增加大量的烟，而且增加大量的燃料。

与此论调一致的是菲利普先生（Mr. Philips）的观点，他希望该议案拖到下一年。他认为此吸烟器需要比通常申请的仪器更加详细。此吸烟器被声称是一项新发明，而瓦特先生（Mr. Watt）早在 1785 年获得了一项排烟的专利。尽管公众非常感激此议案的推动者的辛勤付出，但是菲利普先生感到他的职责是要支持该议案的修正文件。

马利安特先生维护吸烟器，他注意到在都市和其他地方这款吸烟器被要求达到的效果是成功的。他认为任何人都没有权力惹恼或毒害他的邻居。

艾尔德曼·伍德先生（Mr. Alderman Wood）认为帕克斯先生的吸烟器是非常有好处的，但是他希望议案的条款不要延伸到康沃尔（Cornwall），它可能会产生最有害的影响。

最终，关于此吸烟器下院议员们分裂为两种观点：赞成最初动议的议员有 83 人；赞成修正案的，有 29 人。[②]

1821 年 5 月 10 日，议会下院第三次宣读蒸汽机议案，泰勒先生说，

---

① Great Britain, House of Commons of Parliament, *The Parliamentary Debate's, Forming a Continuation of the Work Antitled "The Parliamentary History of England from the Earliest Period to the Year 1803" Published Under the Superintendence of T. C. Hansard, Commencing with the Accession of George Ⅳ. Vol. Ⅴ. Comprising the Period from the Third Day of April to the Eleventh Day of July 1821*, London: Printed by T. C. Hanzard, 1822, p. 537.

② Great Britain, House of Commons of Parliament, *The Parliamentary Debate's, Forming a Continuation of the Work Antitled "The Parliamentary History of England from the Earliest Period to the Year 1803" Published Under the Superintendence of T. C. Hansard, Commencing with the Accession of George Ⅳ. Vol. Ⅴ. Comprising the Period from the Third Day of April to the Eleventh Day of July 1821*, London: Printed by T. C. Hanzard, 1822, pp. 537 –538.

如果下院认为该议案值得考虑，大家随后会发现此议案会产生良好的影响，不会产生任何恶意。他希望在下一次议会开会期间，他应该能够呈给委员会一份减少英格兰每个城镇煤烟量的计划。

约西亚·帕克斯（Josiah Parkes）是一位杰出的毛纺织业的制造商。为了减少自家纺织厂蒸汽机释放出的煤烟对布匹的熏染，他本人长期尝试发明了吸烟器以降低蒸汽机的煤烟，并于 1820 年申请获得专利。① 泰勒建议使用这种吸烟器，这种仪器会有效地减少煤烟。泰勒在调查之后声称没有在其他地方看到这种仪器的使用，但他会报告最近在使用该仪器的那个城镇煤烟减排的情况。实际上，为了减少一种经常出现的被迫飘进附近地区的煤烟，泰勒称已通过一位著名的大律师拟好一份起诉书，并建议被起诉方可使用帕克斯仪器，此仪器随之被尝试使用，结果那些曾大声抱怨煤烟的人，在此案之后对煤烟的降低程度感到满意。该议案在下院获得通过。② 由此可见，泰勒从 1819 年发起的关于减少蒸汽机释放煤烟的议案，历经约两年时间，经过多轮争议，最终在议会下院获得通过。下院要求修正议案的决议没有通过，而上院的情况恰恰相反。

1821 年 3 月 11 日，由泰勒和其他人为了降低熔炉和运行中的蒸汽机释放出的大量煤烟将一份议案带入议会下院，为此，他们渴望得到上院的一致同意。上述议案在上院第一次被宣读，并被命令印刷，分发给各上院成员。③

紧接着，英国议会上院于 1821 年 3 月 25 日就泰勒的蒸汽机法案进行了反馈，要求插入"一部为了降低来自蒸汽机和熔炉中产生煤烟的法案"

---

① https：//www.gracesguide.co.uk/1820_Patents, 2019.11.10.

② Great Britain, House of Commons of Parliament, *The Parliamentary Debate's*, *Forming a Continuation of the Work Antitled "The Parliamentary History of England from the Earliest Period to the Year 1803" Published Under the Superintendence of T. C. Hansard*, *Commencing with the Accession of George Ⅳ. Vol. Ⅴ. Comprising the Period from the Third Day of April to the Eleventh Day of July 1821*, London：Printed by T. C. Hansard, 1822, pp. 654 - 655.

③ Great Britain, House of Lords of Parliament, *Journals of the House of Lords*, *Beginning Anno Primo Georgii Quarti*, *1821*, *Vol. 54*, *1821*, p. 400, https：//www.abebooks.com/Journals - House - Lords - 1821 - Vol - LIV/1819427484/bd, 2014 - 10 - 12.

的内容。① 1821 年 5 月 28 日，泰勒增加了一个关于豁免煤矿蒸汽机的材料之后，王室才批准该法案。②

至此，我们看到，从调查蒸汽机煤烟问题到该法案最终获得议会及王室通过，历时近两年时间，尽管法案的最终目标与泰勒的目标有出入，但是它毕竟是英国第一部关于减排煤烟的立法。自劳德大主教之后，历史已经历了近两百年时间；自约翰·伊维林关注煤烟、并试图通过立法规范煤烟后，历史又经历了一百六十年，英国议会终于通过了关于规范煤烟污染的法案。

此法案之所以获得成功，泰勒个人丰富的政治经验起到了非常重要的作用。泰勒自进入议会以来，一直致力于改良英国社会的各个方面，他先后参与的事情涉及外交问题、国内政治人物的贪污问题；他主要负责的问题有伦敦人行道建设和道路照明问题、伦敦居民的用水问题和下水道污染问题，这些形形色色的社会问题，为泰勒本人积累了丰富的政治经验。因此，他将蒸汽机煤烟减排议案引入议会之后，非常熟练地推动着该议案一步步地走向上院。如在他的首次议会演讲中，准备了多位议员证人，讲了他们直接观察到帕克斯仪器在沃里克的帕克斯工厂的有效性；三周后，关于测试帕克斯仪器的活动在萨瑟克（Southwark）的帕克莱啤酒厂进行，在场的有一些政治家包括罗斯林伯爵（Earl of Rosslyn）、海尔伍德伯爵（Earl of Harewood），克刻曼·芬利（Kirkman Finlay），皮普勒先生（Mr. Peploe），亨利·蒙蒂思（Henry Monteith），S. 特勒先生（Mr. S. Turner）等人。其中罗斯林伯爵、海尔伍德伯爵、克刻曼·芬利，以及亨利·蒙蒂思均是议会议员或曾经是议员。另外，芬利和蒙蒂思在苏格兰拥有大纺织厂。帕克斯先生组织的这次试验取得了成功。据报道出席此次活动的所有人均给予完美的肯定，他们认为通过这种便捷的方法，所有熔炉释放的煤烟一定会被

---

① Great Britain, British Parliament, *Journals of the House of Lords*, *Beginning Anno Primo Georgii Quarti*, *1821*, *Vol. 54*, *1821*, p. 438. https：//www. abebooks. com/Journals – House – Lords – 1821 – Vol – LIV/1819427484/bd，2014 – 10 – 12.

② http：//www. histparl. ac. uk/volume/1754 – 1790/member/taylor – michael – angelo – 1757 – 1834，

消除。① 这一活动不仅让在场的议员目睹了实验的成功之处，同时也增加了该议案在议会获得成功的可能性。

泰勒先生并不是一位不懂妥协的政治家，正如我们在上文中所述的，英国煤矿因为蒸汽机的使用而大大地提高了产煤量。因此，煤矿是蒸汽机大量存在的地方。在该议案最后阶段，泰勒非常清楚地意识到如果不做关于矿区蒸汽机豁免的妥协，该议案将无法获得上院的批准。

泰勒的法案被认为是以降低蒸汽机煤烟技术为前提的，如果没有技术支持，特别是帕克斯的技术支持，法案的内容不可能形成。泰勒决定要降低煤烟时，他认为最关键的问题是技术问题。他和特别委员会的成员考察了蒸汽机和熔炉不同类型的煤烟减排设备。考察结果表明，截至19世纪20年代，一些工业地区的煤烟减排运动已经开始推进，如约克郡布兰德福（Bradford）的煤烟减排运动，而伯明翰（Birmingham）（1812）、格拉斯哥（Glasgow）（1814）、贝尔法斯特（Belfast）（1816）以及谢菲尔德（Sheffield）（1818）等地的法案均已引入煤烟减排条款，但是除了曼彻斯特，当时各地的煤烟减排条款似乎没有产生影响。约西亚·帕克斯的设备获得了泰勒特别委员会的认可。因此，1820年，泰勒在议会中对帕克斯的吸烟器极力引荐，推动此议案的发展。②

该吸烟器的功能和作用在一则广告词中可以看出：帕克斯给那些印染业、漂白、印刷等行业使用蒸汽机的朋友承诺，他负责安装锅炉、蒸汽机等仪器；他的吸烟器最节约煤炭，可以安装在各种类型和用途的蒸汽机上。帕克斯先生常常指导许多工人安装该仪器，该仪器大大地降低了煤烟造成的伤害和腐蚀。③

---

① Ayuka Kasuga, Views of smoke in England, 1800 – 1830. PhD thesis, University of Nottingham, (2013) http：//eprints. nottingham. ac. uk/13991/1/Thesis _ final _ draft _ after _ viva _ for _ on-line. pdf, p. 122.

② Ayuka Kasuga, Views of smoke in England, 1800 – 1830. PhD thesis, University of Nottingham, (2013), http：//eprints. nottingham. ac. uk/13991/1/Thesis _ final _ draft _ after _ viva _ for _ on-line. pdf. p. 118.

③ Josiah Parkes, *Observations on the Economical Production of Engine, and Consumption of Smoke*, London：Printed for the Author, 1822, p. 3.

帕克斯先生自己为他的蒸汽机吸烟器做了进一步的介绍。他说根据锅炉的大小，炉子所装的燃料在一小时或两小时被用完，当给炉子添加燃料时，燃料通过蒸馏程序被吸收掉了，而不是通过快速燃烧被消耗了。煤烟在一种很常规的蒸汽中持续四或五小时，一定时间内的大气穿过一个阀门进入蒸汽机内，火烧得很旺时煤烟在锅炉底部被吸收掉了，正如在室外的一个煤气管道的孔一样；这样一来可以转换为有用的热量。当蒸汽机均匀负载运行时，为白天工作提供的燃料量是最精确的；在既定时间内，经验决定熔炉燃烧掉煤炭量的多少会达到最大效应。当在白天要使用的燃料被放入锅炉时，一个自我控制的气阀将保持蒸汽机的压力在一种极其均匀的压力值上；烟囱的通风是良好的，气阀在几个小时内将几乎一直保持关闭状态。因此火被限制在锅炉里，通过烟道的烟量现在是微不足道的。在这些密闭的环境下，当热流沿着烟道快速并且不停地流动时，烟囱中释放量并不十分可观。炭火持续充分地燃烧，没有任何阻断，直到下午六点时，才需要加上少量的新燃料，给蒸汽机提供热量，这样一来，第一次燃料添加常常四或五个小时后，当剩下的焦炭被完全燃烧掉时，才需要添加少量的燃料。这种设备中废渣很少，煤灰量也非常少。[1] 由此可知，帕克斯先生对自己的发明充满信心，至少他本人还是认可的。

但是泰勒法案在议会讨论中遇到的阻力并不小，正如上文所述，议会下院就存在三种不同的声音。他们反对此议案的原因很明显，不想让法律约束自己的生产与发展，当然，他们还担心购买的改良机器效果不尽如人意。而议会上院的阻力则与下院的第二种声音相似，他们认为此设计并不成熟，如果一定要在当前阶段获得立法认可，则必须对此议案进行修正。因此，妥协成为泰勒不得不选择的唯一途径。除此之外，泰勒将此议案带入议会时，他清楚该议案的症结所在，必须依靠技术支撑。因此，在他进行考察之后，他选择了约西亚·帕克斯的这款机器。这就为议案的成功增

---

① Josiah Parkes, *Observations on the Economical Production of Engine*, *and Consumption of Smoke*, London: Printed for the Author, 1822, p. 7.

加较大的砝码，再经过他的几次实验，应付议会中的立法条件似乎已经足够。因此，在各方努力之后，泰勒关于反烟的法案终于获得议会的通过。尽管他曾极力反对修正案的存在，然而，他本人非常清楚地意识到议会上院对此议案的反对力量，因此，他不得不选择妥协。当然，他也肯定知道帕克斯的仪器可能存在的问题。

尽管泰勒的降烟法案于 1821 年 5 月获得议会通过，然而，该法案的影响并不如预期的情况一样获得大多数人的青睐。在仅仅过了 20 年时间，就有业内人士完全不知道帕克斯仪器的存在。曼彻斯特《机械杂志和博物馆》杂志第 976 期刊发的一封来自通讯员"H. H."的信，信中内容提及的熔炉发明并未说明它是在 20 年前的约西亚·帕克斯先生申请了专利的发明，此发明曾被莉莉先生（Lily）的公司所采纳。实际上在该杂志的上一期内容中标明是帕克斯先生的专利。针对杂志通讯员的这种认知，维护帕克斯发明的人继续就这一话题进行讨论：认为这可能是杂志通讯员没有注意到这一事实。在许多案例中帕克斯的发明异常成功，但是如上述情况一样并没有被公众认可，主要因为帕克斯先生放弃了该领域的研究而导致该公司不再使用此项仪器了。该通讯员报道的在普利斯顿（Preston）的豪洛克斯先生（Messrs. Horrocks）工厂里看到相似的一款仪器。坦率地讲豪洛克斯先生的那款熔炉实际上正是在帕克斯先生指导下装置的。该熔炉以前装有史坦雷（Stanley's）进料器熔炉，每小时每马力消耗煤炭 20 磅；它们现在消耗 13 磅；节省约 35% 的燃料。史坦雷进料器其实与空气进入无关，这种仪器是帕克斯仪器的精华。史坦雷的仪器实际上不是一款进料机，而是一种吸烟器。维护帕克斯仪器的人甚至对通讯员的结论进行批评，认为这项仪器在伦敦的《工艺期刊》中会看到，它就是约西亚·帕克斯先生的合法财产。[①] 由此可见，这封信件中对通讯员反驳的内容主要透露出以下几个方面的问题：帕克斯的仪器截至 1842 年仍然具有一定的技术优先性，

---

　　① J. C. Robertson ed.，*The Mechanics Magazine，Museum，Register. Journal and Gazette，January 1st – June 25th，1842，Vol. 36*，Lodon：J. C. Robertson，1842，p. 373.

如果不是这样，通讯员也不会在 1842 年将此仪器的内容介绍给英国公众；另一方面，帕克斯的仪器曾申请过专利，并在《伦敦工艺期刊》中有所介绍；另一个重要的信息与约西亚·帕克斯先生自身有关，也就是帕克斯先生在申请了此项仪器的专利之后，很快转行了，也就无暇顾及吸烟器的推广事宜。这一信息也正好说明了帕克斯吸烟器为什么在 20 年之后无人知晓的原因了。

另外一位维护帕克斯设计的人员也针对莉莉先生的锅炉技术与上述通讯员宣传的所谓"史坦雷仪器"进行详细而全面的比较。指出史坦雷的送料机早在 20 年前在帕克斯的仪器中已存在。帕克斯当时引入一种分离桥，允许一股空气穿过分离桥时立即进入煤气中。这一仪器经过长期实践已被大众熟知。普利斯顿的豪洛克先生的公司自首次引入这款仪器以来一直使用它。自帕克斯先生的这一仪器出现以来，工程师莉莉先生的公司将它引入他们在曼彻斯特斯托街（Store Street）的工厂中。而这位通讯员则通过将帕克斯先生的熔炉仪器与史坦雷的送料机进行比较得出前者更差的结论遭到质疑，同时，通过事实证明一位制造业主根据这位通讯员的建议采用了史坦雷送料机之后，他非常失望地发现他根本无法拆除史坦雷仪器，他也无法扩大他的炉排，或获得新的以及容量更大的锅炉，总而言之，他无法有效地利用这位通讯员建议的仪器。① 由此可见，第二位维护帕克斯仪器的人员主要利用上述通讯员比较帕克斯与史坦雷的仪器呈现出的缺陷进一步肯定帕克斯的仪器。可能从这一点来说，帕克斯的仪器算是 19 世纪早期最好的煤烟改良设备。②

尽管如此，帕克斯的仪器自问世以来，仍然遭到各种不同声音的质疑。面对这种情况，帕克斯先生也承认，当此项发明首次介绍给公众时，有一些人认为这种吸烟锅炉并不是一款成熟的产品。但是，帕克斯先生仍

---

① C. Robertson ed. , *The Mechanics Magazine*, *Museum*, *Register. Journal and Gazette*, *January 1st - June 25ᵗʰ, 1842*, *Vol. 36*, Lodon：J. C. Robertson, 1842, pp. 373 - 374.

② Carlos Flick, "The Movement for Smoke Abatement in 19th - Century Britain", *Technology and Culture*, Vol. 21, No. 1, Jan. 1980, pp. 29 - 50.

然为此仪器辩护。他认为这种吸烟器将使锅炉产生持久性的热量，从而稳定了锅炉供应的热量。该仪器通过阀门控制火焰产生大量热流的过程通过肉眼可以观察得到；通过常规火焰产生的猛烈而突然的热流，以及不断注意阻断蒸馏免受工人工作中的犯规活动而遭受的影响，通过这一新原则，这些问题被彻底避免了。①

帕克斯的发明在《科学与工艺季刊》杂志第 25 期以标题为"约西亚·帕克斯发明的锅炉加热和煤烟减除改良方法可节约燃料"的文章中被加以介绍：文中指出帕克斯的发明是通过在三个不同的单位所做的实验进行检验的，业主们对帕克斯的锅炉加热和煤烟减排的方法比较满意。② 这种证据在随后通过对使用不同类型的燃料、不同型号的锅炉，燃料燃烧时水转换成蒸汽的量被展示出来。这种测试在豪洛克先生公司（Messrs. Horrocks' and Co）使用的锅炉中进行，也在托马斯先生公司（Messrs. Thomson and Co's）的锅炉中进行测试，尽管两家公司锅炉的高度和宽度不同，但是锅炉的容量、水平面和烟道相同，然而，在实验中人们将看到前者在既定的时间内每立方英尺的水量蒸汽化后超过后者的蒸汽量将近二比一。这种生产蒸汽能量的增大来自两个原因：烟囱吃水、锅炉更宽，可以燃烧更多燃料，增加热量辐射面。这种情况表明煤炭的热量效应没有减少。对需要不规范的和突然的蒸汽供应的这些行业，如印刷业、印染业和漂白业而言，一座烟囱如此高耸宽大的锅炉肯定更容易满足它们的需求。③ 弗朗西斯·坎平（Francis Campin）等人对帕克斯的吸烟器相当肯定，他们认为当时帕克斯带有吸烟器的炉子比任何炉子受欢迎；在1820—1825 年期间，英国大量的蒸汽炉由帕克斯建起，在此之后帕克斯又在法国广泛地建起带有吸烟器的炉子；帕克斯继续扩大和加深燃煤炉的容

① Josiah Parkes, *Observations on the Economical Production of Engine, and Consumption of Smoke*, London：Printed for the Author, 1822, p. 8.

② Josiah Parkes, *Observations on the Economical Production of Engine, and Consumption of Smoke*, London：Printed for the Author, 1822, p. 8.

③ Josiah Parkes, *Observations on the Economical Production of Engine, and Consumption of Smoke*, London：Printed for the Author, 1822, p. 10.

积，以致一次可容纳一吨的煤炭；30 年来帕克斯的炉子一直在兰开夏郡的一个棉花厂里运转；毫无疑问，这一设计从经济角度看显得相当成功，因为它节约了大量的燃煤。[①] 当然，帕克斯也承认他的仪器经过实验没有展示不同煤炭类型的相对力量，而简单地比较了在相同锅炉下使用相同类型的煤炭的新旧方法的效应。不仅如此，他还承认，在实验过程中，存在进入锅炉时的水温有不一样的可能，会影响锅炉中水蒸气化的时间；另外，水蒸气化需要的煤炭份额的情况均会对实验结果产生影响。[②] 还有一种情况就是帕克斯的仪器难以操作，需要进一步改良。[③] 因此，在 19 世纪 30 年代末的时候，除了兰开夏郡的一家公司还在使用帕克斯的仪器外，再无其他商家使用。[④]

当时泰勒对约西亚·帕克斯的吸烟器进行试验时肯定花大力气关注巴克莱啤酒厂的装置，但是在其他制造业中加载这种熔炉的困难导致了该仪器在这些制造业中的失败。这种失败实际上影响了该法案降烟的法律效应。[⑤] 在巴克莱啤酒厂的实验应该是在最好的条件下进行的，但是这种操作不可能总是在吸烟器的使用中重复出现。

该议案是在对矿区的熔炉锅炉进行豁免后才被议会上院同意立法的。那些矿区的锅炉自然不用受此法案的约束，但是却规定要在其他行业锅炉中装置这一仪器，否则将要受到议会法案的惩罚。尽管如此，在纽卡瑟尔起初只有两家制造业工厂采纳了帕克斯的吸烟器。洛克（Locke）、布兰克特（Blackett）和本内特（Burnett）的铅厂于 1821 年引入了该仪器。本内

① Francis campin, Robert Armstrong, J. La Nicca, George Ede, *A Practical Treatise on Mechanical Engineering with An Appendix on the Analysis of Iron and Iron Ores by Francis Campin*, Philadelphia: Henry Carey Baird, 1864, pp. 269 – 270.

② Josiah Parkes, *Observations on the Economical Production of Engine, and Consumption of Smoke*, London: Printed for the Author, 1822, p. 11.

③ Carlos Flick," The Movement for Smoke Abatement in 19th – Century Britain", *Technology and Culture*, Vol. 21, No. 1, Jan. 1980, pp. 29 – 50.

④ Robert Armstrong, *An Essay on the Boilers of Steam Engine: Their Calculation Construction and Management, with A View to the Saving of Fuel*, London: John Weale, 1839, p. 89.

⑤ Catherine Bowler and Peter Brimblecombe, "Control of Air Pollution in Manchester Prior to the Public Health Act, 1875", *Environment and History*, Vol. 6, No. 1, February 2000, pp. 71 – 98.

特在该仪器装置 3 个月后写信给帕克斯说此吸烟器的设计非常成功。他说尽管在纽卡瑟尔燃料异常便宜，但是他还是毫不犹豫地采纳了帕克斯的专利，并且他估计因购置此仪器而花费的资金将会在不到 3 年的时间内因节约燃料而赚回来，不仅如此，他们还通过使用帕克斯的仪器将他们自己和他们的邻居从肮脏的煤烟中解救出来。之后，纽卡瑟尔也仅有两家肥皂制造业厂装置了该仪器。① 曾参加过巴克莱啤酒厂实验的亨利·蒙蒂思在格拉斯哥自己的纺织厂里安装了该仪器。他本人认为节省煤炭是次要目的，主要是避免了因煤烟而造成的大量赔偿。这可能是当时这些制造商愿意接受此仪器的最主要原因。除了蒙蒂思之外，格拉斯哥的制造商很少有人愿意装置此仪器。这从浓烟对该市造成的污染情况可以看出：烟是难以忍受的垃圾，浓烟来自蒸汽机烟囱，对居民的健康和周边环境造成极大的伤害，对人们的财产也造成了损坏。浓烟倾入工厂附近。除了煤烟以外什么都看不见，人们试图避开烟。鸟儿从天上掉下来，树木也已经死了。②

　　造成这种局面的原因主要是因为法案并没有被严格执行。如曼彻斯特的治安官并不愿意加大惩罚力度，他们仅仅通过发布通告威胁那些释放煤烟的商家。③ 还有就是罚款金额对这些大工厂而言是微不足道的，他们宁愿接受被罚款的结果也不愿意花大价钱购买他们认为用处不大的仪器，并且如果出现更新或更有效的专利仪器时，他们又不得不更换。当然还存在吸烟器无效的情况，而且并不能保证它会降低烟量。有些制造商尽管装置了吸烟器，仍然被告上法庭。

　　泰勒法案实际上激起了城市居民因制造商排烟问题将他们告上法庭的勇气。法案公布后，在格拉斯哥有五位制造商被地方委员会告上法庭，

　　① AyukaKasuga, Views of smoke in England, 1800 – 1830. PhD thesis, University of Nottingham, (2013) http：//eprints. nottingham. ac. uk/13991/1/Thesis _ final _ draft _ after _ viva _ for _ online. pdf, pp. 125 – 126.

　　② *AyukaKasuga, Views of smoke in England, 1800 – 1830.* PhD thesis, University of Nottingham, (2013) http：//eprints. nottingham. ac. uk/13991/1/Thesis _ final _ draft _ after _ viva _ for _ online. pdf, pp. 126 – 127.

　　③ Catherine Bowler and Peter Brimblecombe, "Control of Air Pollution in Manchester Prior to the Public Health Act, 1875", *Environment and History*, Vol. 6, No. 1, February 2000, pp. 71 – 98.

当然，大多都没有走完法律程序而不了了之。① 正如有人指出这一法律的约束力非常弱小，它对伦敦的空气污染没有起到任何作用。② 当然，它的约束力弱小的一个重要的原因是私人不敢反对他们有权势的邻居，因为地方法官中的一些人本身就是煤烟排放者，因此他们根本没有约束自己。③

在伦敦为了降低煤烟，泰勒曾通过起诉来威胁兰贝斯水厂，泰勒警告兰贝斯水厂他不仅要去修订法案而且也要起诉其他地方的一些蒸汽机。他提到布里奇街的小熔炉，两个啤酒厂的煤烟惹恼了上流社会的人物，泰勒在圣詹姆斯法庭上声明由于啤酒厂的煤烟，绅士们肯定常常发现很难穿过浓烟认出他们的朋友。兰贝斯水务厂很快对泰勒的警告做出反应。他们决定成立一个特别委员会，以关注最好的熔炉。兰贝斯水务厂装置了吸烟器以及一些降烟设备，泰勒表示满意。④ 在早期阶段新河自来水厂接受了帕克斯的仪器，但是发现它没有用。尽管泰勒在议会演讲中没有提到新河自来水厂，但是约西亚·帕克斯的册子中显示该水厂接受吸烟器后节省了燃料。⑤ 泰勒成功地强迫自来水公司和一些大型的啤酒坊装置了吸烟器。然而有些公司和作坊由于吸烟器效果不好而被迫放弃使用它。为了防范谣言和不好的名声，帕克斯试图基于科学数据维护他的吸烟器。然而，这些数据似乎并没有说服制造商安装该吸烟器。人们对帕克斯的仪器始终有两种

① *AyukaKasuga*, *Views of smoke in England*, *1800 – 1830*. PhD thesis, University of Nottingham, (2013) http: //eprints. nottingham. ac. uk/13991/1/Thesis _ final _ draft _ after _ viva _ for _ on-line. pdf, p. 132.

② ［澳］彼得·布林布尔科姆：《大雾霾：中世纪以来的伦敦空气污染史》，上海社会科学院出版社2016年版，第151页。

③ Carlos Flick," The Movement for Smoke Abatement in 19th – Century Britain", *Technology and Culture*, Vol. 21, No. 1, Jan. , 1980, pp. 29 – 50.

④ AyukaKasuga, Views of smoke in England, 1800 – 1830. PhD thesis, University of Nottingham, (2013) http: //eprints. nottingham. ac. uk/13991/1/Thesis _ final _ draft _ after _ viva _ for _ on-line. pdf, pp. 259 – 261.

⑤ AyukaKasuga, Views of smoke in England, 1800 – 1830. PhD thesis, University of Nottingham, (2013) http: //eprints. nottingham. ac. uk/13991/1/Thesis _ final _ draft _ after _ viva _ for _ on-line. pdf, p. 256.

观点，要么完全无效，要么完全有效。①

由此可见，泰勒法案由于受资本力量的牵制、技术本身的制约、法律执行中的松懈、制造商人的抵制等因素的影响，并没有获得良好的排烟效应。因此，此法案如果没有技术支持，特别是帕克斯的技术，法案的内容不可能形成，而不成熟的技术反过来又制约了法案的普及和实施。关于泰勒法案的影响，布林布尔科姆认为该法案几乎对伦敦的空气污染没有产生什么影响。② 而另一作者认为尽管泰勒法案实际上没有降低煤烟，但是它的社会影响却不容忽视；泰勒的法案在约克郡影响极大，引起了煤烟减排运动；法案也鼓励了制造商装置煤烟减排设备；1821 年泰勒法案通过后，利兹成立了地方煤烟减排委员会迫使制造商在他们的工厂装置煤烟减排设备；尽管总体上此法案被认为没有较大的社会影响，但是法案却传播了使用煤烟减排技术的好处并引发了数十起法律案件。当污染者输掉官司的时候，依此法案污染者要支付诉讼费，从而降低了煤烟起诉者的财务负担，为弱势群体提供了法律武器。

泰勒在 19 世纪 20 年代初所推动的煤烟减排运动取得了较大的成绩。他成功地将针对蒸汽机排放煤烟事宜引向法律管制。尽管这种约束效果不大，但从降低煤烟的法制化来讲已经迈上了一个新台阶。它的社会影响远远大于它在当时产生的功能性技术效应。

泰勒起初发起煤烟立法运动的导火索是泰晤士河畔的兰贝斯水务厂释放的大量煤烟对自家花园和利物浦勋爵家的花园的影响。他也对一些啤酒厂等场所释放的煤烟进行指责。泰勒的行为引起了人们对煤烟的关注，更重要的是，他关于蒸汽机煤烟减排的法案获得成功具有一定里程碑意义，它是英国历史上首部全国性煤烟减排法案。泰勒法案成功的主要原因与他本人丰富的政治经验密不可分。在推动法案的过程中，他本人深知议会对

---

① AyukaKasuga, Views of smoke in England, 1800 – 1830. PhD thesis, University of Nottingham, (2013) http://eprints. nottingham. ac. uk/13991/1/Thesis _ final _ draft _ after _ viva _ for _ online. pdf, p. 296.

② Peter Brimblecome, *The Big Smoke: A History of AIr Pollution in London Since Medieval Times*, Oxon, New York: Routlege, 2011, p. 101.

议案的要求和争论点，因此，他根据议会的要求相应地做了充分准备。如议会对此法案强调可操作性，于是他便经过调查选出了一款最接近需求的仪器。这对法案成功获得议会下院的支持起到了非常重要的作用。当然，他本人在此过程中所进行的声势浩大的实验活动中又拉拢议员进行参观，这些议员目睹实验后对帕克斯的吸烟器极为满意，这就增大了议会多数票的可能性。当法案最后在上院要求修正之后才可通过时，泰勒也非常清楚地意识到妥协是关键的一步。因此，作为议员的泰勒在此法案获得通过时起到了重要的作用。

最后，与所有新生事物一样，泰勒法案存在诸多不足之处。首先是技术不过硬。帕克斯仪器只不过是泰勒增加法案通过的砝码，至于其技术方面由于受时代限制并没有达到一定的水平。仅仅只要它有可能节省燃料并减少煤烟排放便可。另外，法案中规定民众可对煤烟释放者提起诉讼，并且诉讼费由失败者支付。这也限制了现实中存在的客观因素。民众无法保证在诉讼案中一定会成功，而法庭对商人的罚款又相对较少，因此，法案所起的降低煤烟的作用并不明显。由于帕克斯吸烟器价格昂贵，更加冲淡了那些制造业商人的购买欲望。

泰勒法案的成功有它的必然之处，然而，泰勒本人的功绩却占有明显的比例。至于此法案的功能与技术影响，我们可以从帕克斯仪器的发明者约西亚·帕克斯匆匆转行可以看出，他本人在此领域并没有多大的自信心。但是不得不说，帕克斯吸烟器的研制成为英国一些蒸汽机煤烟减排技术人员努力的方向。在帕克斯之后，许多专业技术人员一直追求更成功的蒸汽机减排技术。

第三节　多样化的蒸汽机减排技术

约西亚·帕克斯的吸烟器因各种原因并没有被英国大多数蒸汽机的所有者接受。然而，受帕克斯吸烟器技术的影响，这一时期，英国出现许多热衷于蒸汽机燃煤炉降烟的研究人员，他们通过各种方式试图达到预期的目的。查理·怀·威廉斯（Charles Wye Williams）便是其中一位。

威廉斯是一位商人，也是一位非常热衷于蒸汽机研究与应用的科学家，正因如此，1835 年他成了英国土木工程师协会（the Institution of Civil Engineers.）的会员，直到 1866 年去世为止。他所在的时代恰逢蒸汽机如火如荼地向各行各业推广使用。原来一些传统行业纷纷转入蒸汽动力时代，如纺织、面粉加工等行业。19 世纪 30 年代，仅曼彻斯特已拥有比世界上任何其他城镇多出至少两倍数量的蒸汽机。在曼彻斯特和索尔福德两个行政区内，有 400 台功率约为 10000 马力的蒸汽机；在 6 或 8 英里范围内，至少还有 15000 或 16000 马力的蒸汽机；在距离曼彻斯特交易所（Manchester Exchange）半径为 7 英里的半圆形范围内，用于蒸汽机燃烧的煤炭总消耗量每周约为 20000 吨。① 与此同时，19 世纪以来随着冶铁技术与制钢技术的发展，铁路运输和船运行业开启蒸汽机发展的步伐。这些庞然大物每天释放出大量的煤烟。威廉斯本人曾致力于蒸汽船的推广，但是遭到当时许多科学家的极力反对，他仍然执着地追求蒸汽机远洋航海的理想。最终，威廉斯成功地推动了英国蒸汽船的发展，并且通过大量的实验与论证，提出自己关于治理蒸汽机燃煤污染的方案。

威廉斯于 19 世纪 30 年代获得了一项专利，用以消除蒸汽机炉未燃烧的气体。该方法引入一个垂直放置的烟管，下端插入烟道底部，与灰坑连通，烟管上端封闭。这些管子的侧面和顶部都有小孔，从灰坑中抽出的大气通过小孔喷射出来，氧气立即与未燃烧的碳氢结合，并在足够的温度下通过烟道进入，与通过管孔进入的氧气结合。因此，许多火焰从这些孔中喷出，其外观类似于煤气灯的火焰。② 威廉斯的这项专利发明实际上利用蒸汽机炉内的空气与炉内的燃煤结合达到煤炭充分燃烧的程度。下面我们主要介绍威廉斯对自己这项专利发明的原理以及功效。

① Robert Amstrong, *An Essay on the Boilers of Steam Engine: Their Calculation Construction and Management, with A View to the Saving of Fuel*, London: John Weale, 1839, p. vii.

② Dionysius Lardner, *The Steam Engine Explained and Illustrated; With An Account of Its Invention and Progressive Improvement*, London: Printed for Taylor and Walton, 1840, p. 260.

威廉斯首先通过灯的实验说明灯产生烟的原因，同时，又通过对比燃煤燃烧后产生的不同成分来说明燃煤产生大量煤烟的主要原因，如下表所示：

表5－1　　　　　英国各地煤炭构成物质含量百分比①　　　（单位:%）

煤炭类别	产地	碳	氢	氮和氧	灰烬
碎片煤	怀勒姆（Wylam）	74.823	6.180	5.085	13.912
碎片煤	格拉斯哥	82.924	5.491	10.457	1.128
浊煤	兰开夏郡	83.753	5.660	8.039	2.548
浊煤	爱丁堡	67.597	5.405	12.432	14.566
红色煤	纽卡瑟尔	84.845	5.048	8.430	1.676
红色煤	格拉斯哥	81.204	5.452	11.923	1.421
结块煤	纽卡瑟尔	87.952	5.239	5.416	1.393
结块煤	达勒姆	83.274	5.171	9.036	2.519

威廉斯通过上表展示了不同地区的煤炭燃烧后残留物成分比例，如，碳、氢、氮和氧，以及灰烬的比例各不相同，怀勒姆的碎片煤燃烧后产生74.823%的碳、6.180%的氢、5.085%的氮和氧，以及13.912%的灰烬；而格拉斯哥的碎片煤燃烧后所产生的上述物质的比例与怀勒姆的不同；其他不同地区的同类煤炭燃烧后产生的物质占比亦不相同。

他利用当时还处在理论发展阶段中的一些化学知识，指出所有煤的主要成分是碳和氢。在煤炭的自然状态下，氢和碳以固体状态同时存在。然而，它们各自的特点和进入燃烧的方式有本质上的不同；烟煤中所含的氢的比例估计为5.5%；氢是溢出的气体中的主要元素，通过燃烧产生火焰；碳化氢和其他碳化合物需要一定数量的大气空气来影响它们的燃烧；实际上，人们并没有采取任何手段来确定空气供应的数量，并把这些物质当作不需要这样的空气来对待；尽管人们从理论上了解到大气中各种成分的相对比例，却对这些成分的不同性质或它们在燃烧中的作用完全漠不关心；

① C. W. Williams, *The Combustion of Coal and The Prevention of Smoke Chemically and Practically Considered*, London: John Weale, 1854, p.6.

当前，人们从不担心煤炭燃烧时是否已经混合了足量的氧；仅仅将新鲜的煤炭扔在炉子里的装料机上，不足以让煤炭达到燃烧的温度，而会使它立即成为煤炭中煤烟挥发的来源；只要烟煤中的任何一种成分仍然是由煤的任何原子或部分演化而来，它的固体或含碳部分在相对较低的温度下仍然是黑色的，并且作为加热体完全不起作用。换言之，含碳部分需要必须的热量去燃烧；为了实现燃烧，我们必须有一个可燃物和助燃剂；煤气，是不易燃的；因为它本身既不能产生火焰，也阻止其他物体的燃烧；实际上，有效燃烧更多的是关于空气而不是气体的问题；我们把煤丢在炉子上，却不能控制煤气，而通过化学科学地控制空气的输送和作用是最需要认真考虑的问题；煤炭中的任何成分与空气中的足量氧在高温下会产生反应，两个体积的碳氧化物无法得到饱和当量所需的氧，它们必然会消散，所有的燃煤炉中都会发生这种情况，炉中的空气必须通过一个炽热的碳质体；这常常导致所谓的烟燃烧的致命错误，因为如果煤中的含碳成分，在高温下遇到碳酸，而碳酸又占了碳的一部分，转化为一氧化碳，再次变成气态的、看不见的可燃物。[①] 威廉斯利用化学知识解释了他在一系列实验中观察到的煤烟产生的原理。

威廉斯的这种观点在当时的蒸汽机研究者当中绝对具有前瞻性。当时，研究蒸汽机技术的一些专门人员要么通过烟囱技术尝试降低煤烟，要么通过对燃煤炉的结构改造来达到降低煤烟，而威廉斯在当时却敏锐地观察到煤烟产生的现象与煤炭的成分有关，也与燃烧过程中氧气与其他物质反应的温度与质量等条件有关。因此，可以说，威廉斯是一位将前沿化学学科知识应用于蒸汽机燃煤实践过程的第一人。

接下来，威廉斯继续对蒸汽机燃煤炉的燃烧条件依据科学方式进行解释：燃煤炉最普遍的操作方式是让空气从灰坑进入，将氧气释放给炉内异常灼热的碳，从而形成碳酸，并产生大量的热。这种酸，一定要在很高的

---

① C. W. Williams, *The Combustion of Coal and The Prevention of Smoke Chemically and Practically Considered*, London: John Weale, 1854, pp. 6 - 20.

温度下，向上通过炽热的固体物质，吸收碳的一部分，变成了碳氧化物；通过将一个体积的酸转化为两个体积的氧化物，实际上是吸收了热量，失去了被氧化物吸收的碳从而形成化合物一氧化碳，通常被人们想当然地认为是烟雾被燃烧了。① 由此可见，威廉斯从当时人们的认识观来纠正如何正确地解释那些"烟雾燃烧"的理论，从而达到科学的降低煤烟的目的。

威廉斯进一步解释人们产生认识错误的原因：这种一氧化碳的形成，可能是人们普遍忽视其性质的原因，这种化合物是由一种奇特而复杂的自然环境造成的；虽然每个人都讲"碳酸钙"这样的术语，但是人们却并不清楚碳酸钙是燃煤炉中最易产生废物的化合物之一。②

随后，威廉斯又根据 19 世纪 30 年代乌尔博士（Dr. Andrew Ure）③ 撰写的公寓通风与加热的论文中涉及的化学和物理学知识反对那些建议人们缓慢燃烧可以节省大量的燃料的说法，指出在焦炭或木炭的缓慢燃烧中，不仅消耗大量的燃料，而且只产生很少的热量，更重要的是还会产生大量的一氧化碳；物理科学会告诉他们，当烟囱通风缓慢时，燃烧的空气容易通过每一个缝隙或缝隙回流，有立即导致窒息或死亡的危险，对公寓里取暖的居住者来说，这简直是荒谬的。④

威廉斯进一步指出，如果要降低煤烟且节省燃料，则燃煤炉中必须具有与碳酸钙相当体积的空气，以影响它的燃烧；碳氧化物的另一个重要特点是它已经拥有相当于氧的一半的能量，它的燃烧温度比一般的煤气低，这就是当煤气进入烟道时，通常被冷却到低于点火温度；一氧化碳却已被

① C. W. Williams, *The Combustion of Coal and The Prevention of Smoke Chemically and Practically Considered*, London: John Weale, 1854, pp. 20, 21.

② C. W. Williams, *The Combustion of Coal and The Prevention of Smoke Chemically and Practically Considered*, London: John Weale, 1854, p. 21.

③ 乌尔博士是英国化学科学的元老之一，他以独创和卓越的研究而著名，但他在将化学应用于工艺制造业方面的成功，使他在科学史上占有重要地位。

④ J. C. Loudon, *The Architectural Magazine, and Journal of Improvement in Architecture, Building, and Furnishing*, Vol. IV., London: Longman, Orme, Brown, Green, and Longmans, 1837, pp. 323 - 324.

充分加热，即使在到达烟囱顶部后，遇上空气也会被点燃。这就是通常在烟囱顶部和蒸汽容器漏斗处看到的红色火焰的原因；将一定量的氧气与一定量的煤气混合的目的是前者必须使后者饱和；而这样精确的空气量会提供所需的氧气量，但是，如果空气失去了一部分氧气，或者与任何其他气体或物质混合，它就不再具有纯大气的特性，也不能满足燃煤炉所需要的氧气量的条件；燃煤炉内这种空气与氧气的比例约为 10 立方英尺的空气提供 2 立方英尺的氧气，以达到燃烧 1 立方英尺煤气的效果；但如果这种空气量中的氧气含量没有达到 20%，那就无法达到上述的效果，由此可见，人们必须认真考虑蒸汽炉燃煤时所用空气的质量。① 由此可见，威廉斯利用化学知识更加科学地解释了燃煤炉内一些物质与氧气以及温度之间的关系。

威廉斯对燃煤炉的这一认识使他提出了自己改造蒸汽机燃煤炉结构的观点。他说允许空气进入炉内的开口（灰坑）应该足够大，以产生所需的最大蒸汽量，但不能太大；如果将过多的空气引入燃煤炉内，尽管会完成燃烧，但是会产生大量的带有可燃物质的煤烟，而人们又需要着手发明吸收这种煤烟的方法，以纠正人们自己制造的邪恶。② 由此可见，威廉斯认为所谓的吸收煤烟的方法实际上完全是多余的，是建立在人们使用蒸汽机燃煤炉时错误的操作导致的错误结果之上的，他在此实际上是否定了之前人们发明的吸烟器。

他说，这种通过使气体（或烟）接触大量的炽热的煤而假设燃烧气体（或烟）的错误概念，似乎起源于瓦特，后来被其他人采用，并已成为公认的原则。奇怪的是，尽管如此之多的人将此作为他们的出发点，但这些发明家都没有检查，甚至怀疑其正确性。然而，任何权威的化学工作都会告诉他们这一既定事实。这种分解，而不是燃烧，是施加在碳氢化合物气

①　C. W. Williams, *The Combustion of Coal and The Prevention of Smoke Chemically and Practically Considered*, London: John Weale, 1854, pp. 22, 23.

②　C. W. Williams, *The Combustion of Coal and The Prevention of Smoke Chemically and Practically Considered*, London: John Weale, 1854, pp. 24, 25.

体上高温的结果，这种高温不可能吸收碳，它的燃烧仅仅是由氧气产生的，事实上是氧的负离子，然而后者很少注意提供氧；正是对这一区别的明显疏忽导致了这一明显的化学错误，即假定炉子中的煤气在高温下与气体接触，从而发生转变；这种疏忽已经导致更多的人误入歧途，造成了时间、金钱和人力的极大浪费；瓦特对空气和气体混合的必要性有一个正确的概念，他的错误在于他在多大程度上考虑了燃烧所必需的热量的应用。他的追随者和赞成者忽略了他所说的正确的那一部分，即与新鲜空气的混合；他们把注意力集中在他所说的错误上，即把气体或烟雾带过，或带到炽热的燃料中；瓦特对高温的重要性印象如此深刻，以至于他实际上既提供了"新鲜空气"，又提供了通过炉排上热燃料的气体，忽略了这种情况下，空气将不再保持纯净；他所能引入空气或烟雾的热量也无法与炉子里由空气和煤气结合而成的热量等同；但他错误地认为，可以由燃料烧焦部分的热量来计算；化学家可以理解一个防止煤烟的仪器，但至于它的燃烧原理是如此的不科学，这样的措施应该被避免。[1] 威廉斯利用化学知识对瓦特以及其后的一些改良蒸汽机燃炉的发明家所依据的原理进行了辩证地批判。

　　他认为许多制造商试用过旋转炉排、移动棒和自动添料机系统后，发现它们没有出现大量的浓烟，因此推断它们已经产生了对燃料的完美燃烧，并且认为在使用这些设备时会节省大量的燃料；实际上，这些发明和这些装置只是有利于避免第一个错误的后果，即忽视以适当的方式向煤炭的气态产品供应适当数量的空气；人们努力通过巧妙的甚至是昂贵的发明来逃避燃煤炉产生的不良后果，这是一个错误的取向；它等同于人们把江湖郎中的秘方当作确保身体健康的真正手段一样，殊不知它们不过是过去或习惯性错误影响的缓和剂，并不能从根本上解决实际问题。[2] 如在英国

―――――――――

[1]　C. W. Williams, *The Combustion of Coal and The Prevention of Smoke Chemically and Practically Considered*, London: John Weale, 1854, pp. 36, 37, 38, 39.

[2]　C. W. Williams, *The Combustion of Coal and The Prevention of Smoke Chemically and Practically Considered*, London: John Weale, 1854, p. 54.

工艺学会（Society of Arts）就锅炉问题进行的一次调查中发现，人们把重点放在了伦敦一家大型机构每年通过使用活动条节省燃料方面。威廉斯认为这种节约并不是因为更经济地使用燃料，或是产生更多的热量，或是通过更完美的燃烧，而仅仅是由于给炉子加料的方式，以及炉排上连续保留一层薄薄的燃料，业主便能够使用劣质的燃煤[1]。

威廉斯对帕克斯的仪器进行检测，他说帕克斯认为为了适应炉子的变化状态，应该调节和改变进风量。可以肯定的是，为了使炉内产生的所有可燃气体完全燃烧，对进入炉内的空气需求量非常大；而且，由于空气完全聚集，在所有的燃烧状态下都会产生烟雾，热量都会减少。[2] 他认为帕克斯的发明以及上述其他人的发明均不适用于船用炉。而根据一些蒸汽机的缺点，威廉斯则提出了相应的改进方法。威廉斯认为这些已建起的锅炉如果要达到节省燃料且高效的目的，则必须想办法接纳所需的空气供应量；可在陆地使用的锅炉中，用砖砌炉门，便于扩大空间，而且成本很低；在船用锅炉里，炉门的扩大是很麻烦的。在无法获得足够空间的情况下，除了尽可能多将半英寸的孔口插入炉门的背面或门的附近外，建议引入普通穿孔空气板[3]。

在蒸汽机被引入航海船之前，锅炉的结构很简单。瓦特的货车锅炉和圆顶的煤矿锅炉可以被认为是这类锅炉。在这种情况下，水循环问题没有实际应用。蒸汽机要在船舶上使用，首先必须改变锅炉的内部布置，同时也为了节省空间，例如为了使足够的受热面变窄。这就产生了相当长的内部烟道系统，或者说是直线的烟道系统，锅炉在一个不可分割的物体中，水必须排成许多深而窄的通道和薄片。[4]

---

① C. W. Williams, *The Combustion of Coal and The Prevention of Smoke Chemically and Practically Considered*, London: John Weale, 1854, p. 113.

② C. W. Williams, *The Combustion of Coal and The Prevention of Smoke Chemically and Practically Considered*, London: John Weale, 1854, p. 73.

③ C. W. Williams, *The Combustion of Coal and The Prevention of Smoke Chemically and Practically Considered*, London: John Weale, 1854, p. 113.

④ C. W. Williams, *The Combustion of Coal and The Prevention of Smoke Chemically and Practically Considered*, London: John Weale, 1854, p. 148.

为扩大蒸汽机燃煤炉的进气量，威廉斯专门设计的蒸汽燃煤炉引起当时都柏林皇家学会（the Royal Dublin Society）自然哲学教授、爱尔兰药剂师会堂（the Apothecaries' Hall of Ireland）化学教授罗伯特·凯恩（Robert Kane）与利物浦大学化学教授 R. H. 布雷特（R. H. Brett）的调查与验证。他们通过大量的实验对威廉斯提出的增加锅炉内空气的理论加以验证。在实验中显示威廉斯的多孔空气阀门的燃煤炉在加热中由于空气的进入，即便使用焦炭，可增加的加热功率是 300 度①，或整个功率的十分之三；而第二次当燃煤炉使用焦炭，空气孔被完全打开，烟道内的火焰缩短了约十五英尺，烟道的平均温度变为 852 度。②

最后他们通过实验得出结果：第一，威廉斯设计的燃煤炉内空气孔径足以满足煤炭的正常燃烧，但对焦炭来说，空气孔径大了一半。第二，在使用煤炭时，通过使用空气孔可以防止所有的煤烟，而且燃料的有效作用大大增加。第三，即使在使用焦炭时，通过燃煤炉内桥后或桥上的气孔吸入空气也会大大提高加热效果，但只需要燃煤时需要的一半空气！然而，如果加入燃煤时需要的空气量，则这过剩空气的冷却能力将再次失去一半的功效优势。第四，由于在所有实践中，新鲜燃料的添加量适中，间隔时间较短，因此没有必要改变阀门或其他部件的进气速率。一种均匀的、一定量的空气作为煤炭所必需的气体，将足以使燃料完全燃烧，而不需要工人额外关注。他们认为威廉斯先生计划中的炉子布置和分配空气的进入，在最大限度上满足完全燃烧的条件，只要与锅炉结构中存在的各种类型、所用煤的特殊性质和通风性质相适应；防止烟雾的形成；燃料的经济性不会低于焦炭的五分之一，煤的三分之一。③

根据这样的结论，阿姆斯特朗则认为通常与不可燃气体一起逸出的黑色碳物质，我们称之为煤烟的唯一可见成分，都是燃料，当在锅炉下适当

---

① 本书出现的温度均为华氏度。

② C. W. Williams, *The Combustion of Coal and The Prevention of Smoke Chemically and Practically Considered*, London: John Weale, 1854, p. 76.

③ C. W. Williams, *The Combustion of Coal and The Prevention of Smoke Chemically and Practically Considered*, London: John Weale, 1854, p. 77.

消耗时，无疑是一种节约煤炭的方法；但不幸的是，节省的数量少得可怜，没有一个尝试过节省的人能够计算出它的数量；他本人绝不是不尊重任何一个提出通过燃烧煤烟来节省燃料的人，因为他们在误导别人之前通常都误导了自己，因为成百上千的专利以及为他们花费的成百上千的英镑都充分证明了这一点；事实上，他们值得我们从这个课题中得到不小的机会。①

威廉斯设计的燃煤炉在投入试用之后，因为一些设备不精良，技术不成熟，频繁发生爆炸事故，招致一些同时代专家的批评，尤其是锅炉爆炸事件频繁发生后，阿姆斯特朗（Robert Amstrong）等人认为锅炉爆炸的一个原因是燃烟器技术不成熟招致锅炉底部温度产生了剧烈变化，使铆接链松动，最终导致它们脱落而发生爆炸；锅炉内配置查尔斯·怀伊·威廉斯（Charles Wye Williams）燃烟器的燃煤炉发生这类事故导致一场冗长的舆论战争。② 阿姆斯特朗对威廉斯的蒸汽机燃烟器提出批判，认为威廉斯做出的结论是草率的，仅通过烟囱散发出来的热量便匆忙地得出结论，并且欣然同意使用任何看似合理的手段将这种余热从烟囱溢出之前把它抢走，并试图以最有利的方式"耗尽全部热量"，而这种目的便成为那些每年需要花费数千英镑购买燃料的人或机构所关心的一个问题。③ 实际上对威廉斯的这项发明持否定态度。

也有专家对威廉斯的蒸汽机燃煤炉的煤烟管道的设计进行评价，认为威廉斯专利中的烟管肯定是低效的，除非它们被放置在靠近熔炉的烟道中，而且未燃烧气体的温度应足够高，才会产生燃烧。④

---

① Robert Armstrong, *An Essay on the Boilers of Steam Engine: Their Calculation Construction and Management, with A View to the Saving of Fuel*, London: John Weale, 1839. p. 27

② Francis Campin, Robert Armstrong, J. La Nicca, George Ede, *A Practical Treatise on Mechanical Engineering with An Appendix on the Analysis of Iron and Iron Ores by Francis Campin*, Philadelphia: Henry Carey Baird, 1864, p. 224

③ Rober Armstrong, Robert Mallet, *The Construction and Management of Steam Boilers*, London: Crosby Lockwood and Son, 1903, p. 72.

④ Dionysius Lardner, *The Steam Engine Explained and Illustrated, with An Account of Its Invention and Progressive Improvement*, London: Printed for Taylor and Walton, 1840, p. 260.

由此可见，威廉斯主要凭借他本人敏锐的观察力和对科学燃煤的追求改良蒸汽机燃炉。他提出增加空气与燃煤炉内的可燃物充分地接触的概念尽管不十分准确，却已符合煤炭燃烧的基本原理。尽管威廉斯是一位业余科学家，但是他从当时非常前沿的化学学科的研究入手来论证自己关于燃煤炉自身降低煤烟的条件和原理，他密切地关注当时化学研究成果，并积极地将这样的研究理论首次应用在蒸汽机的煤烟治理方面，因此，可以说他开启了蒸汽机燃煤降烟的理论科学与实践科学相结合的时代，也促进了英国降烟理论向降烟实践的快速转换。

威廉斯的燃烟器的主要功能是向更多的人传播了他关于煤烟燃烧的理论，将人们对蒸汽炉的降烟工作从吸烟手段转到燃烟目标上来。罗伯特·阿姆斯特朗描述了威廉斯关于蒸汽机锅炉的燃煤不充分的言论之后，英国的一些最杰出的科学工作者公开表示，通过"化学考虑"，仅由于燃煤炉的"不完全燃烧"，现有的蒸汽机燃煤炉已经浪费了大约60%到70%的燃料了，更不用说还误用了一些所谓的降低煤烟的产品了！因此，英国的专利局充满了许许多多锅炉发明家的千千万万套方案，它们有着各种各样的、无休止的弯曲和曲折的烟道，他们中的许多人对追逐和"耗尽""全部热量"相当狂热，这种决心远远超过了永动机寻求者，而且几乎没有成功的机会。[1]

威廉斯通过大量的实验来论证自己提出的降低煤烟的依据，从而展现出他认真严谨的科学工作态度。他设计的燃烟器不仅获得"技工杂志"的认可和其他机构的盛赞；[2] 而且成功地获得了英国专利，继而在英国各地开始推广使用。尽管威廉斯的燃烟器受某些技术和条件的限制而遭到人们的质疑，然而，它在燃烟器领域的贡献绝不仅仅局限于降烟的功能，还代表着英国科学技术的发展水平。

---

[1] Rober Armstrong, Robert Mallet, *The Construction and Management of Steam Boilers*, London: Crosby Lockwood and Son, 1903, pp. 70, 71.

[2] Francis Campin, Robert Armstrong, J. La Nicca, George Ede, *A Practical Treatise on Mechanical Engineering with An Appendix on the Analysis of Iron and Iron Ores by Francis Campin*, Philadelphia: Henry Carey Baird, 1864, p. 224

随着 19 世纪中期英国展开狂热的铁路建设高潮的到来，火车机车喷出的浓烟给铁路沿线环境和居民均造成了极大的困扰。于是，人们又开始关注火车机车的燃煤问题。苏格兰的丹尼尔·金尼尔·克拉克（Daniel Kinnear Clark）在火车机车燃煤炉的降烟问题上取得了重大的突破。1857 年申请了一项防止在机车燃烧室燃烧煤炭时冒烟的设备专利。该设备的主要特点是在燃烧室侧面有一系列的进气口，当调节器关闭时，空气被蒸汽喷射器吸入。克拉克是苏格兰铁路咨询工程师。1853 年至 1855 年间，他曾担任苏格兰大北部铁路公司的机车主管，还撰写了有关铁路工程事项的综合书籍。他主要通过大量的实验考察火车机车锅炉内部的构造，并分析其与燃料的燃烧条件，提出了科学且精准的改良蒸汽机车锅炉与煤炭燃烧的数据条件。我们主要通过克拉克的著作了解他对机车燃煤炉的改良。

　　首先，克拉克通过考察多个领域专业人士最新的实验结果和最前沿的理论分析，对蒸汽机车的各种运行因素进行深入研究，透彻分析。下一张表格是克拉克利用雷格纳特实验中饱和蒸汽性质的关系进行分析蒸汽饱和与温度、总热量、重量与压力等之间的内在关系。

表 5 - 2　雷格纳特实验（Regnault's Experiment）中饱和蒸汽的关系①

每平方英寸的总压力	相对体积	温度	总热量	每立方英尺的重量
磅		华氏度	华氏度	磅
20	1280	228.0	1183.5	0.0487
30	881	250.4	1190.3	0.0707
40	677	267.3	1195.4	0.0921
50	552	281.0	1199.6	0.1129
60	467	292.7	1203.2	0.1335
70	406	302.9	1206.3	0.1535
80	359	312.0	1209.1	0.1736

---

　　① Daniel Kinnear Clark, *Railway Machinery: A Treatise on the Mechanical Engineering of Railways: Embracing The Principles and Construction of Rolling and Fixed Plant*; Vol. I, Glasgow, Edinburgh, and London: Blackie and Son, 1855, p.61.

续表

每平方英寸的总压力	相对体积	温度	总热量	每立方英尺的重量
90	323	320.2	1211.6	0.1929
100	293	327.8	1213.9	0.2127
110	269	334.6	1216.0	0.2317
120	249	341.1	1218.0	0.2503
130	231	347.2	1219.8	0.2698
140	216	352.9	1221.5	0.2885
150	203	358.3	1223.2	0.3070
160	191	363.4	1224.8	0.3263
170	181	368.2	1225.1	0.3443
180	172	372.9	1227.7	0.3623
190	164	377.5	1229.1	0.3800
200	157	381.7	1230.3	0.3970

从上表可以看出，雷格纳特将饱和蒸汽的受热温度、总热量、每立方英尺的重量、相对体积和每平方寸的总压力之间的关系通过大量的实验进行观察，得出随着温度的升高蒸汽的总热量增加，而每平方英尺的总重量也随之增大，而相对体积变小，压力随之增大。

克拉克利用这一实验结果提出通过这种蒸汽自由运动的条件，可以寻求机车构造得更有效条件。[①]

以上述蒸汽运动的条件为基础，他又考察了大量最新实验结果和机车结构的工作原理，深入分析蒸汽机车燃料的化学成分和化学条件。他指出焦炭和煤是机车燃烧箱中使用的可燃物。燃烧是由大气与煤或焦炭按一定比例混合而成，并由其化学元素的关系调节。与燃烧有关的气体，主要由易燃物、助燃剂或燃烧产物造成。纯焦炭由固体碳组成，它含有一小部分泥土，在燃烧过程中作为灰烬排出，含量占焦炭总重量的百分比从 1.5%

---

① Daniel Kinnear Clark, *Railway Machinery: A Treatise on the Mechanical Engineering of Railways: Embracing The Principles and Construction of Rolling and Fixed Plant*; Vol. Ⅰ, Glasgow, Edinburgh, and London: Blackie and Son, 1855, p. 61.

到 10% 不等。也存在微量的硫，通常不到 1%，很少超过 3%。纽卡斯尔的查理德森（Richardson）博士对焦炭分析后认为一百份焦炭中，有 97.6份的碳；0.85 份的硫；1.55 的灰烬；在碳的燃烧过程中，8 份重量的氧与6 份重量的碳结合形成碳氧化物；16 份重量的氧与 6 份重量的碳结合生成碳酸。因此，将碳转化为碳酸是充分燃烧所必需的。为了满足这一条件，氧和碳元素的各自重量必须为 16：6，即，对于给定重量的碳，必须提供2.6 倍重量的氧。由于燃烧焦炭的大气中的氧与氮的重量比为 8：28，或1：3.5 的比例有关，要使 1 磅碳完全燃烧，需要 2.6 磅纯氧；同时还需要3.5 乘以 2.6，或 9.3 的氮，使总重量达到 12 磅的大气。氮气不参与燃烧，释放出来，作为中性气体，与碳酸一起进入烟囱。由于 1 立方英尺的空气在常温下（60 华氏度），重 0.0766 磅，约 160 英尺的空气重 12 磅。因此，燃烧 1 磅碳，60 华氏度时消耗 160 立方英尺的空气。实际上，由于燃烧产生的碳酸和氮气对空气的转化有很大的干扰，因此在普通的熔炉中，必须提供化学反应所需的空气量的两倍，以满足这种燃烧条件。这一限额在实践中是最低限度的，因为即使在康沃尔郡锅炉上管理最完善的火炉，亨特（Hunt）先生对烟囱气体含量的分析也表明，在促进燃烧过程中所消耗的自由氧量是一样多的；根据英国皇家煤炭委员会（Royal Commission on Coal）对煤进行得更为细致的实验，烟囱中的自由氧含量与燃料结合的自由氧含量从四分之一到二分之一不等。以煤为燃料的情况下，燃烧过程比焦炭燃烧过程复杂，气体产物的排放量更大。同样，在机车燃烧箱中，焦炭通常被放置在较深的床层中，空气必须通过床层渗透，并且很可能充分排出氧气。即使在中等填充的燃烧箱中也会频繁地产生氧化碳，这就确定了氧气完全消耗的可能性，这表明当存在生焦时，有大量的碳气体存在；打开防火门时观察到的蓝色火焰表明，通过从进入防火门的空气中吸收额外当量的氧气，氧化物转化为酸。在没有更直接数据的情况下，平均剩余为 25%。空气量应假定为，或在 60 华氏度处总共 200 英尺的空气量，即在普通炉火下，通过炉排消耗 1 磅碳或纯焦炭的量；这一估计得到了化学家的实际结论的证实。①

蒸汽机车的燃烧条件必须满足：主动吹风情况下，燃烧箱中的温度必须达到燃料内部约 1000 华氏度，作用在圆顶炉中焦炭相同功率的鼓风足以熔化生铁并将其加热到白热，约需 3000 华氏度。在相同的温度下，焦炭完全燃烧的气体产物所占的体积与操作中消耗的空气相同②。

机车锅炉焦炭的燃烧以均匀的速度进行，而煤的燃烧则不那么规则。在燃烧的第一阶段，大量的重氢碳气体被排出，这些气体必须被氧气迅速吸收，才能完全燃烧。因此，在煤被扔到炉排不久，大火燃烧并迅速释放热量；只有在氢气、氧气和一部分碳被排出并消耗之后，燃料的主要成分焦炭才作为残渣以较慢的速度燃烧。机车锅炉的设计将轻巧和效率结合起来，易于燃烧的焦炭均匀地燃烧，允许接近炉排和受热面以及与效率一致的火炉和烟雾室的最小面积。相反，在强气流下排放气态化合物的过程中，煤的燃烧更为激烈，因此，提供比在火车头的限制范围内更大的接触面更加经济，效率也更高；快速的气流显然最有利于煤和焦炭完全燃烧，也降低了机车的机械蒸发值。③

克拉克进一步总结道：燃烧受大气与所用燃料元素的化学结合影响；焦炭几乎全部由固体碳组成；煤主要由碳、氢和氧组成，它们的平均重量占燃料总重量的比例约为 80%、5% 和 7%。其余 8% 由中性物质、氮、硫和灰组成；对于焦炭，由组成碳与大气中的氧气经燃烧完全结合获得大量有用的热，对于煤，主要是由碳与大气中的氧气完全结合形成的碳酸气；一磅纯焦炭，即碳，在 60 度的温度下完全燃烧，需要 12 磅空气（按重量

① Daniel Kinnear Clark, *Railway Machinery: A Treatise on the Mechanical Engineering of Railways: Embracing The Principles and Construction of Rolling and Fixed Plant*; Vol. I, Glasgow, Edinburgh, and London: Blackie and Son, 1855, pp. 120, 121.

② Daniel Kinnear Clark, *Railway Machinery: A Treatise on the Mechanical Engineering of Railways: Embracing The Principles and Construction of Rolling and Fixed Plant*; Vol. I, Glasgow, Edinburgh, and London: Blackie and Son, 1855, p. 121.

③ Daniel Kinnear Clark, *Railway Machinery: A Treatise on the Mechanical Engineering of Railways: Embracing The Principles and Construction of Rolling and Fixed Plant*; Vol. I, Glasgow, Edinburgh, and London: Blackie and Son, 1855, p. 123.

计）或 160 立方英尺（按体积计）；在实践中，每磅焦炭需要 25% 的盈余，即 60 度时总共 200 英尺，以允许未消耗的空气通过熔炉泄漏；焦炉内温度达到 3000 度；烟箱中的温度通常在 400 度到 800 度之间变化；一磅碳完全燃烧时的加热功率等于 14000 单位热量，能够将 60 度时超过 12 磅的水转化为蒸汽。质量良好的焦炭一般作用是每磅焦炭蒸发 8 至 84 磅水。在最有利的条件下，94 磅水的蒸发量大约是 1 磅焦炭的最大功率；即 78% 为可能的最大值；在最有利的条件下，煤的蒸发功率至少等于它含碳的蒸发功率。但在普通机车锅炉中，煤的实际蒸发功率仅为优质纯焦炭的三分之二左右，即每磅煤含水量为 5 至 6 磅；机车锅炉内焦炭的燃烧，在一般情况下，是非常理想的，煤和木材作为燃料的劣质性能，在一定程度上是由于燃烧的不规则性；蒸发燃料的功率主要由其成分中碳的比例来调节；焦炭的质量是多种多样的，它可能含有 1% 至 10% 不等的灰分，其重量、物理特性也影响了它的实用性；如果轻而易碎，它可能会通过管子和炉排排出，在极端情况下，有 17% 到 20% 的分量可能被浪费；在通常潮湿天气下，温度为 8%，它可吸收 20% 以上的水分。在最佳状态下，焦炭干燥、坚硬、致密、呈柱状、结晶，且无煤渣；煤、焦炭和松木的当量经济体积，为 1、1.3 和 6。[①]

克拉克对蒸汽机锅炉内烟囱的尺寸、鼓风管的管体之间、烟箱与火箱之间距离的关系等进行考察后得出：在同一台锅炉中，烟箱的真空度直接随风压的变化而变化。对于不同的锅炉，由于给定的鼓风压力而产生的真空变化很大，但一般来说，以英寸水为单位的真空大约等于以英寸汞为单位的鼓风压力。真空度与鼓风的关系不受蒸汽切断点的实质影响。真空度随鼓风而稳定上升；鼓风的排气功率，或其产生气流的效率，在很大程度上取决于烟囱的形状和尺寸，以及鼓风管的形状；最有效的烟囱，可容纳最宽的鼓风孔。对于给定的锅炉，直径不变的烟囱效率最高；对于较大或

---

① Daniel Kinnear Clark, *Railway Machinery: A Treatise on the Mechanical Engineering of Railways: Embracing The Principles and Construction of Rolling and Fixed Plant*; Vol. Ⅰ, Glasgow, Edinburgh, and London: Blackie and Son, 1855, pp. 125, 126.

较小的直径，烟囱孔必须减小；最好的鼓风管形式是将蒸汽直接从烟囱中喷出；孔口也必须与烟囱真正同心，并应斜切至外部边缘。鼓风管的管体应非常宽，主要集中在喷嘴处；煤烟必须能自由进入烟囱，方法是扩大入口，用钟形底座，并切断烟雾箱的顶部；鼓风应该穿过煤烟而不是在煤烟上方投射；竖直的鼓风管更为可取，这既是因为蒸汽的排放量更大，也是因为它对烟道的阻碍要小得多；在烟箱和火箱的相对真空度中，后者的变化范围为前者的三分之一到二分之一以上；换言之，炉排和燃料对空气和煤烟通道的阻力，要么是管道阻力的一半要么超过管道阻力；在有最宽烟道的锅炉中，管子的阻力按比例是最低的。[1]

锅炉的内部比例问题，在不考虑汽缸要求的情况下，实际上解决了炉排面积、鼓风管面和鼓风面积的比较问题；在锅炉比例相同的情况下，实际尺寸在观察到的最宽范围内，对鼓风面积与炉排面积之比没有影响；因此，最小的机车可能和最大的机车一样有合适的比例；炉排面积越大，烟道面积越宽，烟囱越小，烟箱容量越小，在观测范围内，也可能是鼓风面积越大；将炉排面积作为比较的标准，锅炉本身影响鼓风面积的要素按重要程度排列如下：（1）火箱处的小炉面积；（2）管区；（3）炉排的空气空间；（4）烟箱处的小炉面积；（5）管区、表面。在实际范围内，后两者的影响很小；在锅炉的附件烟箱和烟囱中，烟箱和烟囱对风口面积的影响与其他任何单一情况下一样大或更大；一个比例较小的烟囱可以有效地缓解孔口的压力，就像一个小的管套可以缩小管口一样；观察到的最小烟囱面积约为炉排面积的十五分之一；在相同情况下，这个比例面积产生的孔口比任何较大的烟囱面积都要宽；烟囱与炉排的最好比率是十五分之一；烟囱的长度大约是直径的四倍，可能是产生最佳鼓风作用所需的最大长度；烟箱的容量也会影响鼓风的作用；最合适的容量被发现是三倍于炉排的立方尺寸；或者每英尺炉排3立方英尺烟箱；在一般比例的锅炉中，若

---

① Daniel Kinnear Clark, *Railway Machinery: A Treatise on the Mechanical Engineering of Railways: Embracing The Principles and Construction of Rolling and Fixed Plant*; Vol. I, Glasgow, Edinburgh, and London: Blackie and Son, 1855, pp. 139, 140.

火箱处的管口面积约为炉排面积的五分之一或四分之一，而管口面积约为四分之一，则可通过对火箱、风管和烟囱的最佳调节，使孔口的宽度达到炉排面积的六十分之一；即使是在比例最不利的锅炉中，如果小叶面积不超过炉排的十分之一，孔口也可能宽到炉排的九十分之一。[1]

鼓风面积的大小主要由锅炉调节，与汽缸的尺寸无关；利用已知的完善鼓风作用的方法，当汽缸与锅炉成比例时，孔口在任何情况下都可以变得足够宽，以允许几乎完美的排气；除了一些特殊的锅炉外，即使使用非常大的汽缸，也可以获得孔的所有有效面积；由于孔板直接依赖于炉排和管子，大炉排和宽管面积的基本优点主要在于它们能够提供足够的蒸汽，有易吹风、孔板自由、负荷重和速度快的特点；在给定的时间内通过炉排的空气量是燃烧率的直接测量，假设空气同样燃烧良好，无论是通过一个小炉排和一个深焦炭层的强气流，还是通过一个大炉排和一个薄焦炭层的弱气流。在很大的范围内，燃烧率几乎是蒸发率的直接测量。因此，空气通过炉排的速度或速率也近似于测量的蒸发速率；压力是由真空测量的；因此，空气通过炉排的速度，或者是蒸发速度，是真空的平方根；由此得出结论，要获得两倍的蒸发率，我们不仅需要两倍，而且至少需要四倍的烟箱真空度；可能需要更多，因为在较高的蒸发率下，通过炉排的空气量可能泄漏更大，烟箱的温度也可能更高和热损失也可能更大。[2]

同一锅炉或同一类锅炉的蒸发率几乎随烟箱真空平方根的变化而变化；它的变化率从7%到21%不等，蒸发量小于真空平方根造成的蒸发量；在更大的真空下，更多的自由空气通过炉排，但主要是由于在更高的温度下，烟气溢出的热量损失更大；在小尺寸或比例不大的锅炉中，给定的蒸发率需要比单个的锅炉更大的真空度；温和的通风有利于经济性和耐久

① Daniel Kinnear Clark, *Railway Machinery: A Treatise on the Mechanical Engineering of Railways: Embracing The Principles and Construction of Rolling and Fixed Plant*; Vol. I, Glasgow, Edinburgh, and London: Blackie and Son, 1855, p. 140.

② Daniel Kinnear Clark, *Railway Machinery: A Treatise on the Mechanical Engineering of Railways: Embracing The Principles and Construction of Rolling and Fixed Plant*; Vol. I, Glasgow, Edinburgh, and London: Blackie and Son, 1855, p. 140.

性，锅炉的尺寸和比例应该是自由的。[1]

由此可见，克拉克对于蒸汽机车的燃煤炉的内部构造的原理以及内部构造之间的关系不仅非常熟悉，而且通过观察大量的实验证明对锅炉的性能变化做出了相当精准科学的判断。从克拉克的论证中可以看出，他所使用的学科不仅仅具有化学学科，他还使用了大量的物理学学科中的力学知识、深奥的代数学学科知识等全方面考察各种蒸汽机车燃煤炉内各部件之间的比例关系，给出了各种比例关系之间的内在逻辑依据。如，他通过考察雷格纳特的关于蒸汽与温度、热量、压力以及重量之间的关系来确定机车内部蒸汽运动的相关条件等。这种依靠大量的、最前沿的科研成果的做法，有效地避免了上文中我们看到的一些仅对蒸汽机某一部件进行零碎的改进而产生的不良后果。

克拉克的所有理论来源于大量的实验数据。在他的著作中，他每阐述一个问题都通过多个权威学者的理论或实验来论证。比如上文提到的关于蒸汽饱和与其他条件的关系的论证中，他不仅考察了雷格纳特的实验过程和结果，而且引用了"使用恒定温度下，压力随密度变化，随体积变化"的博伊尔定律（Boyle's law）或万豪定律（Marriotte's law）；在论述温度与体积的关系中引用了"在恒定压力下，在均匀加入热量或温度升高的情况下膨胀是均匀的，每度热量的膨胀率为32度体积的1/490；如果在32度的基础了增加了458°，则总和直接作为通过膨胀得到的总体积，与密度成反比"的盖伊·卢萨克定律（the Law of Gay Lussac）等。[2] 这种情况在他的整个论证中不胜枚举。由此可见，克拉克不仅是一位博学多才、融会贯通的学者，而且是一位非常严谨的学者，他不会轻信任何一种数据，总要通过各种验证使它们与相关领域的权威定论相印证。

---

① Daniel Kinnear Clark, *Railway Machinery: A Treatise on the Mechanical Engineering of Railways: Embracing The Principles and Construction of Rolling and Fixed Plant*; Vol. I, Glasgow, Edinburgh, and London: Blackie and Son, 1855, p. 142.

② Daniel Kinnear Clark, *Railway Machinery: A Treatise on the Mechanical Engineering of Railways: Embracing The Principles and Construction of Rolling and Fixed Plant*; Vol. I, Glasgow, Edinburgh, and London: Blackie and Son, 1855, p. 60.

大量的理论论证与实践相结合的这种做法，将各种最新科研成果最快地转化到实际应用中来，有效地服务了社会。1853年10月，克拉克担任基特布雷斯特（Kittybrewster）工厂机车工务总监；为了开通基特布雷斯特通往其他地方的铁路，他设计了两种基本相似的2－4－0招标机车，一种是直径为5英尺6英寸（1.68米）的客运驱动轮，另一种是直径为5英尺（1.5米）的货车驱动轮。曼彻斯特的威廉·费尔拜恩父子公司（William Fairbairn & Sons of Mancheste）订购了7台客运发动机和5台货车。而他的上述机车一直运行到1916年才退出。[①] 1857年他获得关于防止火车机车煤烟的专利，由北伦敦铁路和东郡铁路试验，并在1858年由克拉克的前雇主进一步试验后，于1859年作为后者铁路的标准配件被采用，一直到19世纪末。[②]

　　克拉克关于机车锅炉的理论论证与实践改良得到了同行专家的高度评价。弗朗西斯·坎平（Francis campin）等人认为对机车锅炉的更多子部件得到有效的改良的人物完全是克拉克先生，在他关于"铁路机械"的杰出著作中，比任何其他作者都要出色，他证明了可以使炉排的面积或炉缸的面积变得非常大，烟筒的容量不应超过从烟筒中收集热空气所必需的绝对容量，并且风管应在烟囱底部的一小段距离处停止，而不是穿透烟筒！[③]

　　由于克拉克一直研究铁路机车的防烟及其他问题，因此威廉斯对此质疑他的发明是否适用于船用锅炉。在艺术学会一次关于防止烟雾的讨论中，D. K. 克拉克"证明了快速或更确切地说是剧烈的气流对完善燃烧和扑灭煤烟的好处"。"这是他为普遍防止大熔炉冒烟而一直坚持的灵丹妙药。"毫无疑问，克拉克先生的观点是有根据的；但实际的困难在于在许多船用锅炉中能否获得这种"强烈的气流"，甚至即使为不完美的燃烧能

　　① http：//www.gnsra.org.uk/gnsra_ locomotives.htm.

　　② http：//www.gnsra.org.uk/gnsra_ locomotives.htm.

　　③ Francis campin, Robert Armstrong, J. La Nicca, George Ede, *A Practical Treatise on Mechanical Engineering with An Appendix on the Analysis of Iron and Iron Ores by Francis Campin*, Philadelphia：Henry Carey Baird, 1864, p. 224.

否获得足够的气流。[①] 很显然，威廉斯对克拉克提出的防止蒸汽机煤烟的观点存在一定的疑惑。然而，杰伊·M. 惠特姆（Jay M. Whitham）却对克拉克关于烟囱建造的数理逻辑与方法仍然视为经典加以引用。[②] 1897 年的《工程师》杂志中关于蒸汽机的内容中多次提及克拉克的贡献。[③] 由此可见，克拉克的发明以及他关于蒸汽机相关部件之间的关系经得起时间和科学的检验。

结　语

随着英国国内煤炭需求量的大增，浅表煤矿很快便无法满足市场的需求。于是深矿井煤炭的挖掘便成为煤矿发展的趋势。在此过程中，深矿井煤炭采掘工作遇到了最大的难题是深矿井排水问题。萨维利燃煤蒸汽机的出现给深矿井煤矿的排水带来了希望。而纽考门蒸汽机的出现终于解决了英国矿井的排水问题，英国煤矿实现了深矿井抽水的自动化。但是，这种新生事物还存在诸多不尽如人意的特征，如纽考门蒸汽机耗煤量过大，除了煤矿等大型厂矿企业可以供得起外，一般作坊只能望洋兴叹。为了改变这种状况，瓦特通过改良纽考门蒸汽机，最终推动蒸汽机向英国各行各业的普及。然而。蒸汽机的广泛使用，消耗大量的煤炭，还释放出大量的浓烟，给环境带来了极大的麻烦。于是，从 18 世纪后期开始英国出现了各种降低蒸汽机煤烟的声音。

迈克·安吉罗·泰勒作为英国议员，针对伦敦蒸汽机燃煤污染问题推动了全国范围内的防烟立法运动。泰勒领导的立法运动从 1819 年到 1821 年历时两年，对英国各个领域的蒸汽机煤烟问题进行了考察，并立志要推

---

① C. W. Williams, *The Combustion of Coal and the Prevention of Smoke Chemically and Practically Considered*, London: John Weale, 1854, p. 176.

② Jay M. Whitham, *Steam - Engine Desighn, for the use of Mechanical Engineers, Students, and Draughtsmen*, New York: John Wiley and Sons, 1889, p. 274.

③ H. Leahy, "Letters to the Editor", *The Engineer*, From July to December, 1897, Vol. lxxxiv, London: Office for Publication and Advertisements, 1897, p. 392.

动全国性的防烟立法。他的法案最终于 1821 年 6 月获得英国议会通过。因此，泰勒法案具有开创性的意义。泰勒法案成功的核心因素在于他引入了一款降烟设备——帕克斯吸烟器。这一发明实际上是帕克斯在长期工作中改良低温燃煤煤烟的一种尝试。这一仪器自问世以来毁誉参半。

19 世纪 30 年代，查理·怀·威廉斯作为一位成功的商人，根据自己的兴趣，以及利用最新的化学科学知识，通过一系列实验研究结果，批判了帕克斯吸烟器的原理。他认为制造一种仪器来吸收蒸汽机煤烟是根本无法达到预期的目的。如果要减少蒸汽机煤烟，只有让空气中大量的氧与煤炭的构成元素在一定温度下接触然后燃烧才能预防煤烟，而不是通过额外的仪器来吸收煤烟。威廉斯根据自己掌握的化学知识与实验中观察到的现象对蒸汽机灰坑加大容量以供空气进入，并对空气入口进行一定的改变，实现了他从理论到实践的改良。威廉斯的降烟设备因各种条件限制而出现了各种各样的故障，也因此遭到了蒸汽机领域的专家的严重质疑。

19 世纪 50 年代以来，丹尼尔·金尼尔·克拉克的出现给蒸汽机降烟进行全新的解释和最严谨的论证。克拉克长期从事蒸汽机车的研究工作。他利用大量的权威实验数据与方法、最前沿化学知识、物理学定论、代数学方法，以及几何学方法非常详细而严密地论证了蒸汽机车锅炉内部各部件之间的关系，并对这些部件进行实践改造，极大地推动了蒸汽机车的改良，也减少了蒸汽机车的煤烟释放量。在整个 19 世纪后半期，克拉克在英国蒸汽机车改良与煤烟降低方面的理论与措施无人超越。

除此之外，1875 年伯明翰（Birmingham）的工程师罗伯特·摩根（Robert Morgan）发明烟吸收器[1]；伦敦的皮特·杰森（Peter Jensen）发明降烟器[2]；格拉斯哥的通风技术工程师罗伯特·博伊尔（Robert Boyle）发

① Great Britain. Office of the Commissioners of Patents for Inventions，"Patent Law Amendment Act, 1852"，*The London Gazette for the Year 1876*，*Vol. 1*，London：Printed by Harrison and Sons，1876，p. 67.

② Great Britain. Office of the Commissioners of Patents for Inventions，"Patent Law Amendment Act, 1852"，*The London Gazette for the Year 1876*，*Vol. 1*，London：Printed by Harrison and Sons，1876，p. 119.

明改良的防烟蒸汽船锅炉①；1873 年约克的塞缪尔·斯特尔（Samuel Stell）防止蒸汽锅炉烟囱浓烟释放的发明②；大莫尔文（Great Malvern）的乔纳森·阿莫利（Jonathan Amory）发明了关于提高烟燃烧效率的设备③；曼彻斯特附近的化学工程师乔治·伯迪金（George Burdekin）发明改良烟吸收熔炉④；达勒姆的顾问工程师威廉·罗伯特·戴卫森（William Robert Davidson）也改良这种设备⑤。

由此可见，整个 19 世纪，随着蒸汽机在英国各个领域的普及，人们对它释放的煤烟污染问题也进行了积极的回应与解决。而且这些改革者采取的手段有异曲同工之处，那就是通过技术手段来解决蒸汽机煤烟问题。尽管在不同的历史阶段，不同专业的人所具备的知识水平、学科素养存在差异，但是，利用技术降低蒸汽机煤烟是一条发展主线。相反，这一时期，在英国新兴的化工厂，人们并不关注煤烟问题。

---

① Great Britain. Office of the Commissioners of Patents for Inventions, "Patent Law Amendment Act, 1852", *The London Gazette for the Year 1876*, Vol. 1, London: Printed by Harrison and Sons, 1876, p. 158.

② Great Britain. "Patents Which Have Become Void", *The London Gazette for the Year 1876*, Vol. 1, London: Printed by Harrison and Sons, 1876, p. 264.

③ Great Britain. Office of the Commissioners of Patents for Inventions, "Patent Law Amendment Act, 1852", *The London Gazette for the Year 1876*, Vol. 1, London: Printed by Harrison and Sons, 1876, p. 429.

④ Great Britain. Office of the Commissioners of Patents for Inventions, "Patent Law Amendment Act, 1852", *The London Gazette for the Year 1876*, Vol. 1, London: Printed by Harrison and Sons, 1876, p. 1746.

⑤ Great Britain. Office of the Commissioners of Patents for Inventions, "Patent Law Amendment Act, 1852", *The London Gazette for the Year 1876*, Vol. 1, London: Printed by Harrison and Sons, 1876, p. 1861.

本篇小结

英国进入工业化社会以来,由于燃煤蒸汽机的广泛应用,导致原来靠风力、水力生产的行业纷纷转向燃煤蒸汽机。因此,英国社会加大燃煤需求量,造成城乡煤烟污染严重。英国社会面对煤烟污染采取了各种各样的措施。最具代表的当属英国民众修建烟囱以排除煤烟对自己生活环境的污染。在此基础上,大机械化的展开使得工厂主也建立烟囱以排除包括煤烟在内的废气对周边环境的影响。当然,工厂烟囱和居民家用烟囱的高度和规模无法相提并论,但是其目的都是将自己生产的煤烟排向远离自己的范围。这种做法并没有减少煤烟的排放量,反而扩大煤烟污染范围,造成全国上下承受煤烟的侵袭。

与此同时,英国社会中涌现出一批改良蒸汽机煤烟释放的人物,帕克斯的吸烟器尽管没有带来多大的社会效应,但是在随后几十年对蒸汽机的改良中他仍享有较高的声望。威廉斯的发明实际上是对帕克斯仪器的一种纠正,他认为无法制造一种仪器吸收蒸汽机的煤烟,只能利用物质的属性通过燃烧氧化煤烟中的可燃物。克拉克对蒸汽机的改良最有效,也最全面,他利用自己丰富的化学、物理学、数学、几何学和工程学的知识全面地改良火车机车蒸汽机的各个部件比例,大大地降低了火车机车的煤烟。还有一批在此方面做出尝试和贡献的人。这些人的主要特点是通过所学知识与技术降低蒸汽机煤烟的释放,尽管取得了一定的成绩,但是由于英国专利权的规定以及英国政府对煤烟的忽视,均没有收到预期的效果。而泰勒及上院贵族们试图应用技术或化学手段通过立法的形式降低工厂废气的排放，然而，在随后将近百年的时间里，煤烟释放问题仍然困扰英国民众的生活与健康。

烟囱的出现代表英国民众对煤烟污染的认知水平以及他们对煤烟治理的真正需求；而泰勒法案、威廉斯、克拉克的改良蒸汽机分别代表英国社会议员、商人以及专业人员试图通过个体力量向议会、向社会传递技术降低煤烟的魅力。

结　语

　　英国历史进入 17 世纪时，其国内各个领域发生了较大的变革：政治领域，君主制正在遭受资本力量的审判；宗教领域，国教徒与清教徒、国教徒与天主教徒展开了一轮又一轮的厮杀。所有上述领域的变革均与经济领域为羊毛而发起的圈地运动有关。此时，英国已然挤上了远洋贸易的列车，如何持续获得好处显得越来越重要。而英国曾在地中海商业圈中仅是毛纺织原料——羊毛或粗毛制品供应地。而在大西洋贸易中英国瞅准机会大力发展本国这一传统行业，以维持她的海外贸易。这就使得英国传统的养羊业完全不能满足这种需求，于是，大量的土地让位给牧场，包括民众生活燃料来源的林地也不例外。

　　因此，英国境内的又一场革命拉开了帷幕。这就是燃煤革命。当越来越多的人失去土地，越来越多的土地变成牧场时，城市剧增的人口与燃料需求的矛盾逐渐加剧。于是，以往被人们嫌弃的肮脏的煤炭瞬间成为上至皇室贵族，下至市井平民争相购买的紧俏品。不仅如此，英国由于其境内丰富的煤炭资源而成就了她近代化的辉煌。正是由于英国拥有充足的燃煤，使她率先进入工业化的轨道。英国也正是凭着充足的燃煤，使得她在长达几百年的时间内几乎占据了全世界的资源与市场。这个地处欧洲西北边陲的岛国，就像积满能量的原子弹，一时之间释放出如此惊人的能量，如此耀眼、璀璨夺目。然而，英国这种依靠燃煤获得的辉煌使英国本土付出长达数百年的煤烟污染的代价。

　　17 世纪初当煤炭刚进入人们的生活时，它不仅是一种燃料，还是身份

英国煤烟污染治理史研究：1600—1900

地位低贱的一种象征。使用燃煤的人要么是作坊主，要么是下层民众。加上它燃烧时释放出大量浓黑与稠黄的难闻的煤烟，更增加了身份高贵者对它的嫌弃与厌恶。威廉·劳德作为查理一世时期的坎特伯雷大主教，他极力维护查理一世追求的君权至上思想。为了在英国境内处处塑造君主的光辉形象，他不惜与各种玷污国王形象和影响国王生活的"阴暗的"和"肮脏的"的事物作斗争。国王宫殿和大主教宫殿附近的燃煤酿酒坊自然而然成为劳德的斗争对象。尽管两位酿酒商曾遭到惩罚，然而由于议会力量的壮大，劳德反烟的目标不仅没有实现，而且他也为此身陷囹圄，直至被处以极刑。这种结局表明劳德维护王权的思想与议会力量在碰撞的过程中败下阵来。但是，劳德建立一个无烟区的思想却成为人们一直追求的目标，直至20世纪50年代中后期法律意义上的无烟区才开始建立。

作为劳德的学生，肯内尔姆·迪格比在劳德事件中受到牵连，之后赴法国学习各种先进的知识。迪格比在法国深受欧洲炼金术的影响，试图应用化学实验和物理学原子论来揭示煤烟的特性、形成过程从而提出一套对应的治理煤烟的方案。然而迪格比的原子论思想充满感性，常常是他本人对周围环境的观察而提出的一种臆想，甚至充满迷信的成分。因此，他很难准确地揭示煤烟形成的原因。然而，他关于煤烟性质的猜想已接近煤烟的特性。但是他却没法解决这种带有极强"尖厉性"的物质，唯有远离它。当然，迪格比所处的时代化学等新型学科还没有发展起来，这要等到工业化发展到高级阶段才能达到客观、有效地认识煤烟的条件。然而，迪格比对煤烟的特性描述为后来的学者指明了科学验证煤烟的方向。

约翰·伊维林作为保王党人曾在法国与迪格比接触密切。他对手工业作坊煤烟的认知在很大程度上借鉴了迪格比的原子论思想。斯图亚特王朝复辟后，伊维林通过煤烟治理方案获得查理一世的青睐。伊维林主张应该建立一个专门的工业区让工业生产远离主城区。然而，他的想法仅仅停留在纸上。一方面，国王关注的重点并不在此，另一方面，国王深知这一方案涉及各方利益，因此，鼓励伊维林以议案形式提交议会。这实际上表明国王权力是有限的，而议会才是重要事务的决策者。当国王建议伊维林通过议会立法消除伦敦烟时，这位对议会充满仇恨的王党分子非常明白他提出的方案会动了谁的奶酪。该方案的结局是可想而知的。因此，伊维林关于手工业作坊煤烟污染的方案一直停留在纸上。直到19世纪人们才意识到他在治理煤烟问题上的重要性。

迪格比建议人们远离煤烟的方案在英国随后三百年间不仅无法实现，而且煤烟对他们的影响只会越来越严重。英国居民面对影响他们生活的煤烟，首先考虑将煤烟赶出他们的私人空间。于是，每家每户，每一个工厂都竖起了长长的烟囱。尤其是英国工厂，随着机械化的深入发展，烟囱越来越高，成为典型的工业化标志。围绕烟囱的清扫、建造结构的改良等工作也成为当时人们降低煤烟的主要途径。烟囱如此重要，以至于英国政府在19世纪中后期通过立法规定了工厂烟囱的高度、结构等。即使在《1956年洁净空气法案》中都强调要严格要求那些释放废气的工厂加高烟囱。可见，烟囱在整个工业化过程中是英国民众采取减少煤烟污染的一种最普遍的途径。

随着蒸汽机的推广，蒸汽机锅炉释放出的煤烟引起人们的关注。因此，改良蒸汽机锅炉以减少煤烟释放成为专业人士追求的目标。19世纪早期议员泰勒极力推动议会立法约束和规范蒸汽机燃煤炉释放的煤烟。他的法案之所以获得议会通过，其最主要的原因是法案应用了可操作的一种降低煤烟的仪器——帕克斯的吸烟仪，这款仪器尽管对英国煤烟的降低没有多大影响，但是它鼓励了人们追求蒸汽机改良的信心。之后，爱尔兰的商人威廉斯当时也通过学习了解了蒸汽机运行中产生燃煤煤烟的一些先进的化学知识，并通过一些化学实验改良了蒸汽机的相关构造以容纳充分的空气来减少煤烟的生成。尽管威廉斯的仪器饱受质疑，但是他却准确地解释了煤烟生成的原理，为此后蒸汽机的改良提供了理论基础。苏格兰的火车机车工程师克拉克则代表了权威的蒸汽机专业人士，他应用物理学、化学和工程学的相关知识，从理论到实践完全诠释了知识就是力量的格言。他设计的蒸汽机车大大地降低了煤烟释放量并且节省了燃煤。然而，由于蒸汽机车释放煤烟并不受政府立法的制约，克拉克设计的机车仅被少数几个公司应用，其他铁路公司因昂贵的设备费用并不选择这种优良的产品。当然，这一时期还有各种蒸汽机的改良方案。这些专业人士的努力似乎在一定程度上降低了蒸汽机释放的煤烟量，然而煤烟减少的程度是有限的。

由此可见，英国从 17 世纪普遍使用燃煤以来，关于煤烟问题一直困扰着人们的生活。从大主教的介入、学者的研究、社会活动家的呐喊、民众建立烟囱、技师和知识分子的技术改良、议员的立法等均对煤烟减排问题进行了深入探究，在此过程中甚至造成人员伤亡。然而，煤烟问题却被拖延到 20 世纪后期才被议会关注。造成这种局面的深层原因其实是值得深思的。英国参与到掠夺世界的行列之后，势必要加快发展本国的经济，幸运的是她有可依靠的大量煤炭。这确实保证了英国当时的风光。然而，在这种风光的背后却是以长期牺牲英国环境和民众健康，甚至生命为代价的。英国长期以来的自由放任主义也充分地体现在煤烟的释放上。煤烟是资本利润的信号，政府是资本利益的代言人，牺牲的是与资本无关的群体。在煤烟治理过程中，英国民众的技术研发能力非常值得肯定。尽管受到国家制度的影响这些技术很少能在全国范围内得到应用和推广，但是，他们积极地将各种科学知识应用到降烟领域，为煤烟的最终减少做出了巨大的贡献。这也为发展中国家提供了可借鉴的经验。由此可见，英国政府尤其是 20 世纪之前的英国政府代表着资本集团利益，缺乏从大局出发，也缺乏宏观治理国家的魄力才是煤烟长期得不到治理的根本原因。这也是值得发展中国家警惕的，也应该从中吸取教训。

纵观英国煤炭污染治理历程，尤其是 20 世纪中期之后英国煤烟污染治理值得笔者继续关注。除此之外，还有煤矿开采对土地、河流的破坏污染情况、煤矿废渣产生的污染和危害等问题均值得笔者在今后进一步深入研究。

参考文献

一　中文文献

（一）译著

［澳］彼得·布林布尔科姆：《大雾霾：中世纪以来的伦敦空气污染史》，上海社会科学院出版社 2016 年版。

［美］彼得·索尔谢姆著，启蒙编译所译：《发明污染：工业革命以来的煤、烟与文化》，上海社会科学院出版社 2016 年版。

［美］巴巴拉·弗里兹著，时娜译：《黑石头的爱与恨：煤的故事》，中信出版社 2017 年版。

［英］格·西·艾伦著，韦星译：《英国工业及其组织》，世界知识出版社 1958 年版。

［英］克里斯蒂娜·科顿著，张春晓译：《伦敦雾：一部演变史》，中信出版社 2017 年版。

［英］大卫·休谟著，刘仲敬译：《英国史Ⅴ：斯图亚特王朝》，吉林出版集团有限责任公司 2013 年版，

［英］屈勒味林：《英国史》（下）钱端升译，红旗出版社 2017 年版。

（二）论文

高麦爱：《18—19 世纪中叶英国土地流转的特点——以考克家族的地产经营为中心的考察》，《史学月刊》2016 年第 10 期。

高麦爱：《燃煤使用与伦敦雾形成的历史渊源探究》，《史学集刊》2018 年第 5 期。

高麦爱：《王权式微下的约翰·伊维林伦敦城煤烟污染治理探究》，《史学月刊》2022 年第 2 期。

高麦爱：《劳德大主教治理伦敦煤烟失败考》，《经济社会史评论》2022 年第 3 期。

陆伟芳：《19 世纪英国人对伦敦烟雾的认知与态度探析》，《世界历史》2016 年第 6 期。

陆伟芳、肖晓丹等人：《西方国家如何治理空气污染》，《史学理论研究》2018 年第 5 期。

余志乔、陆伟芳：《现代大伦敦的空气污染成因与治理——基于生态城市视野的历史考察》，《城市观察》2012 年第 6 期。

吴洋、卜风贤：《19 世纪以来伦敦和曼彻斯特雾霾的治理》，《经济社会史评论》2019 年第 3 期。

二 外文文献

(一) 政府文件

Arthur Collins, *Letters and Memorials of State*, *In the Reigns of Queen Mary*, *Queen Elizabeth*, *King James*, *King Charles the First*, *Part of the Reign of King Charles the Second*, *and Oliver's Usurpation*, London：Printed for T. Osborne, 1746.

Great Britain Parliament, *Hansard's Parliamentary Debates*, *Third Series*, *Commencing with the Access on of William IV*, *Victoriae*, *1865*, *Vol. 179*, *Comprising the Period from The Ninth Day of May 1865 to the Ninth Day of June 1865*, *Third Volume of Session*, London：Cornelius Buch, 1865.

Great Britain, City of London, Corporation, *Analytical Index to the Series of Records Known as the Remembrancia. Preserved among the Archives of the City of London, A. D. 1579 – 1664*, London：E. J. Francis& Co. , Took's Court and

Wine Office Court, E. C., 1878.

John Bruce ed. , *Canlendar of state papers*, *Domestic series of the Reign of Charles I. 1631 – 1633*, London: Longman, Green, Longmans, & Roberts, 1862.

Great Britain. Royal Commission on Historical Manuscripts, *Third Report of the Royal Commission on Historical Manuscripts*, London: For Her Majesty's Stationery Office, 1872.

Great Britain. House of Commons of Parliament, *Journals of the House of Commons: From April the 13ᵗʰ 1640, In the Sixteenth Year of the Reign of King Charles the First To the March the 14th 1642, In the Eighteenth Year of the Reign of King Charles the First*, London: Re – printed by Order of The House of Commons, 1803.

Great Britain. House of Commons of Parliament, *Journal of the House of Commons: Vol. 8, 1660 – 1667*, London: His Majesty's Stationery Office, 1802.

Great Britain. House of Commons of Parliament, *Journals of the House of Commons, Volume 10*, London: Re – printed by order of the House of Commons, 1803.

Great Britain. House of Commons of Parliament, *Journals of the House of Commons, Vol. 11*, London: Re – printed by order of the House of Commons, 1803.

Great Britain. House of Commons of Parliament, *Journals of the House of Commons, Vol. 19*, London: Re – printed by order of the House of Commons, 1803.

Great Britain. House of Commons of Parliament, *Journals of the House of Commons, Vol. 21*, London: Reprinted by Order of the House of Commons, 1803.

Great Britain. House of Commons of Parliament, *Journals of the House of*

Commons, *Vol. 23*, London: Re – printed by Order of the House of Commons, 1803.

Great Britain. House of Commons of Parliament, *Journals of the House of Commons*, *From the Year 1803 to the Present Time: Forming A Continuation of the Work Entitled the Parliamentary History of England From the Earliest Period to the Year 1803*, *Published Under the Superintendence of C. Hansard Vol. 40*, *Comprising the Period From the Third Day of May to the Thirteenth Day of July*, *1819*, London: Printed By T. C. Hansard, Peter, Borough – Court, Fleet Street, 1819.

Great Britain. House of Commons of Parliament, *Journals of the House of Commons: From August the 4th*, *1818*, *in the Fifty – eighth Year of the Reign of King George the Third*, *to Novermber the 2d*, *1819*, *in the Sixtieth Year of the Reign of King George the Third. Sess. 1819*, *Vol. 74*, London: Printed by Order of the House of Commons, 1819.

Great Britain. House of Commons of Parliament, *Journals of the House of Commons*, *From November the 23d*, *1819*, *In the Sixtieth Year of the Reign of King George the Third*, *to November the 23d*, *1820*, *In the First Year of the Reign of King George the Fourth*, *Sess. , 1819 – 1820*, *and 1820*, Vol. 75, London: Printed by Order of The House of Commons, 1820.

Great Britain. House of Lords of Parliament, *Journals of the House of Lords*, *Beginning Anno Primo Georgii Quarti*, *1821*, *Vol. 54*, https: //www. abe-books. com/Journals – House – Lords – 1821 – Vol – LIV/1819427484/bd, 2014 – 10 – 12.

Great Britain. House of Lords of Parliament, *Journal of the House of Lords*, *1862*, *Vol. 94*, London: Printed by George Edward Eyre and William Spottis-woode, Printers to the Queen's Most Excellent Majesty, and to the House of Lords, 1862.

Mary Anne Everett Green, ed. , *Calendar of State Papers*, *Domestic Se-*

ries, *James I. 1611 – 1618*, *Preserved in the State Paper Department of the Majesty's Public Record Office*, London: Longman, Brown, Green, Longmans &Roberts, 1858.

John Bruce ed. , *Calendar of State Papers*, *Domestic Series of the Reign of Charles I*, *1636 – 1637*, London: Longmans, Green, Reader, and Dyer, 1867.

Mary Anne Everett Green, ed. , *Calendar of State Papers*, *Domestic Series*, *of the Reign of Charles II. 1664 – 1665*, London: Her Majesty's Public Record Office, 1863.

Great Britain, London County Council, *Report of the County Medical Officer of Health and Principal School Medical Officer for the Year 1956*, London: London County Council, 1957.

Great Britain, the Royal of Commission on Noxious Vapours Commission, *Report of the Royal Commission on Noxious Vapours*, London: Printed by George Edward Eyre and William Spottiswoode, Printers to the Queen's Most Excellent Majesty, For Her Majesty's Stationery Office, 1878.

Great Britain. House of Commons of Parliament, the Select Committee on Coal, *Report from the Select Committee on Coal*, London: The House of Commons, 1873.

Great Britain Parliament, the Select Committee of the House of Lords on Injury from Noxious Vapours, *Report from the Select Committee of the House of Lords*, *on Injury from Noxious Vapours; together with the Proceedings of the Committee*, *Minutes of Evidence; Appendix, and Index*, London: H. M. Stationery Office, 1862.

Great Britain Parliament, *The Parliamentary History of England*, *from the Earliest Period to the Year 1803*, *Vol. 4*, *A. D. 1660 – 1668*, London: Longman, Hurst, Rees, Orme, &Brown; J. Richardson; Black, Parry, & Co. ; J. Hatchard; J. Ridgway; E. Jeffery; J. Booker; J. Rodwell; Cradock & Joy;

R. H. Evans; J. Budd; J. Booth; and T. C. Hansard, 1808.

Great Britain, House of Commons of Parliament, *The Parliamentary Debate's, Forming a Continuation of the Work Antitled "The Parliamentary History of England from the Earliest Period to the Year 1803" Published Under the Superintendence of T. C. Hansard, Commencing with the Accession of George Ⅳ. Vol. Ⅴ. Comprising the Period from the Third Day of April to the Eleventh Day of July 1821*, London: Printed by T. C. Hanzard, 1822.

Great Britain, House of Commons of Parliament, *The Parliamentary Debates from the Year 1803 to the Present Time: Forming a Continuation of the Work Entituled "the Parliamentary History of England from the Earlest Period to the Year 1803", Vol. 39, Comprising the Period from the Fourteenth Day of January, to the Thirtieth Day of April, 1819*, London: Printed by T. C. Hansard, for Baldwin, Cradock, and Joy; J. Booker; Longman, Hust, Rees, Orme, and Brown; J. M. Richardson; Black, Kingsbury, Parbury, and Allen; J. Hatchard; J. Ridgway and Sons; E. Jeffery and Son; Rodwell, and Martin; R. H. Evans; Budd and Calkin; J. Booth; and T. C. Hansard, 1819.

Robert Lemon, ed. , *Calendar of State Papers, Domestic Series, of the Reigns of Edward Ⅵ. , Mary, Elizabeth, 1547 – 1580*, London: Longman, Brown, Green, Longmans, & Roberts, 1856.

The Public General Statutes Affecting Scotland, Passed in the Thirty – Severnth and Thirty – eighth Years of the Reign of Queen Victoria Being the First Session of the Twenty – First Parliament of the United Kingdom of Great Britain and Ireland, Edinburgh: William Blackwood and Sons, 1874.

William C. Mylne, *Report From the Select Committee on the Supply of Water to the Metropolis: Minutes of Evidence taken Before Select Committee*, London: Ordered to be printed by The House of Commons, 18 May, 1821.

William Cobbett, ed. , *Cobbett's Parliamentary History of England; From the Norman Conquest, in 1066 to the Year 1803. from Which Last – Mentioned*

Epoch It Is Continued Downwards in the Work Entitled," *Cobbett's Parliamenta*, *Vol.* IV, *comprising the period from the Restoration of Charles the Second*, *in 1660*, *to the Revolution*, *in 1688*, London: R. Bagshaw, 1808.

William John Hardy, ed. , *Calendar of State Papers*, *Domestic Series*, *of the Reign of William and Mary*, *1ˢᵗ November 1691 – End of 1692*, London: Her Majesty Stationery Office, 1900.

(二) 当事人的著作、信件和日记

Austin Dobson ed. , *The Diary of John Evelyn*, *Vol.* II , London: Macmillan and Co. , Limited, 1906.

C. W. Williams, *The Combustion of Coal and The Prevention of Smoke Chemically and Practically Considered*, London: John Weale, 1854.

Daniel Kinnear Clark, *Railway Machinery*: *A Treatise on the Mechanical Engineering of Railways*: *Embracing The Principles and Construction of Rolling and Fixed Plant*; *Vol.* I, Glasgow, Edinburgh, and London: Blackie and Son, 1855.

G. Orr, *A Treatise on A Mathematical and Mechanical Invention for Chimney Sweeping with A Disquisition on the Different Forms of Chimnes*, *and Shewing How to cure Smoky ones*, London: Printed by D. N. Shury, 1803.

Henry B. Wheatley, ed. , *The Diary of Samuel Pepys – Complete 1661 N. S.* , London: George Bell and Sons; Cambridge: Deighton Bell and Co. , 1893.

James Bliss ed. , *The Works of the Most Reverend Father in God*, *William Laud*, *D. D.* , *Sometime Lord Archbishop of Canterbury*, *Vol.* V , *History of the Troubles and Trial*, *&c.* , Oxford: John Henry Parker, 1854.

James Bliss ed. , *The Works of the Most Reverend Father in God*, *William Laud*, *D. D.* , *Sometime Lord Archboshop of Canterbury*, *Vol.* V . *Part* II , *Accounts of Province*, *&c.* , Oxford: John Henry Parker, 1854.

James Bliss ed. , *The Works of the Most Reverend Father in God*, *William*

英国煤烟污染治理史研究：1600—1900

Laud, D. D. , *Sometime Lord Archbishop of Canterbury*, Vol. Ⅶ, *Letters*, Oxford: John Henry Parker, 1860.

John Evelyn, *Fumifugium, or The Inconveniencie of the Aer and Smoak of London Dissipated*, Exeter: The Rota at the University of Exeter, 1976. http: //www. gyford. com/archive/2009/04/28/www. geocities. com/Paris/LeftBank/1914/fumifug. html#ff_ text, 2016/08/02.

Kenelme Digby, *A Late Discourse Made in a Solemne Assembly of Nobles and Learned Men at Montpellier in France; Touching the Cure of Wounds by the Powder of Sympathy; With Instructions how to make the said Powder; whereby many other Secrets of Nature are Unfolded*, London: Printed for R. Lownes, and T. Davier, 1658.

Kenelme Digby, *Private Memoirs of Sir Kenelm Digy, Gentleman of the Bedchamber to King Charles the First*, London: Saunders and Otley, 1827.

Thomas Savery, *The Miner's Friend: Or, an Engine To Raise Water By Fire.* London: S. Crouch. 1827.

William Bray ed. , *Diary and Correspondence of John Evelyn, F. R. S. ,* Vol. Ⅰ, New York and London: M. Walter Dunne, 1883.

William Bray ed. , *The Diary of John Evelyn*, Vol. Ⅱ, New York and London: M. Walter Dunne, 1901.

William Bray ed. , *Diary and Correspondence of John Evelyn: To Which is Subjoined the Private Correspondence between King Charles I and Sir Edward Nicholas, and between Sir Edward Hyde, Afterwards Earl of Clarendon, And Sir Richard Browne*, Vol. Ⅲ, London: Henry Colburn &Co. , 1857.

William Dodd, *The Works of William Shakespere, Volume the eighth*, London: Oxford University Press, 1914.

William Laud, *The History of the Troubles and Tryal of the the Most Reverend Father in God and Blessed Martyr, William Laud, Lord Archbishop of Canterbury*, London: Printed for Rj Chiswell, 1695.

William Laud, *The Works of the Most Reverend Father in God, William Laud, D. D. , Sometime Lord Archbishop of Canterbury, Vol. V. Part II, Accounts of Province, &c. ,* Oxford: John Henry Parker, 1853.

William Laud, *The Works Most Reverend Father in God, William Laud, D. D. Sometime Lord Archbishop of Canterbury, Vol. IV, History of Troubles and Trial, &.* Oxford: John Henry Parker, 1854.

William Laud, *Arch – Bishop Laud's Annual Accounts of His Province, Presented to the King in the Beginning of Every Year: With the King's Apostills; Or, Marginal Notes: Transcribed and Published from the Originals. Together with the King's Instructions to the Arch – Bishops Abbot and Laud, Upon which These Accounts were formed: and the Last Account of Arch – bishop Abbot to the King Concerning his Province,* London: Printed for Ri. Chiswell, at the Rose and Crown in St. Paul's Church – Yard, 1696.

William Laud, *The Autobiography of Dr. William Laud, Archbishop of Canterbury, and Martyr, Collected From His Remains,* Oxford: John Henry parker, 1839.

William Shakespere, *The Works of Mr. William Shakespere, Vollum the eighth,* London: 1750.

(三) 报刊资料、网络资料地址

Ayuka Kasuga, *Views of smoke in England,* 1800 – 1830. PhD thesis, University of Nottingham, (2013) .

http: //eprints. nottingham. ac. uk/13991/1/Thesis_ final_ draft_ after_ viva_ for_ online. pdf.

J. C. Robertson ed. , *The Mechanics Magazine, Museum, Register. Journal and Gazette, January 1st – June 25th, 1842, Vol. 36,* Lodon: J. C. Robertson, 1842.

J. Cunningham ed. , *The Mechanics Magazine, Museum, Register Journal, and Gazette*, *Oct. 4*, *1834 – March 28*, *1835*, *Vol. 22*, London: J. Cunningham, Mechanics' Magazine Office, 1835.

Great Britain, National Society for Clean Air, *Clean Air Year Book*, *1968 – 1969*, London: National Society for Clean Air, 1969.

The Times, February 19, 1818.

The Times, 12 May 1862.

The Engineer, *From July to December*, *1897*, *Vol. 84*, London: Office for Publication and Advertisements, 1897.

The London Gazette, *August 17*, *1875*, *4299*, London: *Printed by Harrison and Sons. 1875.*

The London Gazette for the Year 1876, *Vol. 1*, London: Printed by Harrison and Sons, 1876.

https: //www. poetryfoundation. org/poems/43654/the – chimney – sweeper – when – my – mother – died – i – was – very – young.

Noga Morag – Levine, *Is Precautionary Regulation a Civil Law Instrument? Lessons from the History of the Alkali Act*, https: //digitalcommons. law. msu. edu/cgi/viewcontent. cgi? httpsredir = 1&article = 1415&context = facpubs. https: //www. gracesguide. co. uk/1820_ Patents.

http: //www. gnsra. org. uk/gnsra_ locomotives. htm.

https: //api. parliament. uk/historic – hansard/lords/1865/may/22/alkali – act – inspectors – report#S3V0179P0_ 18650522_ HOL_ 36.

Peter Kirby, *A Short Statistical Sketch of the Child Labour Market in Mid – Nineteenth Century London*, *Revue Française de Civilisation Britannique*, [Online], XII – 3 | 2003, http: //journals. openedition. org/rfcb/1606; DOI: 10. 4000/rfcb. 1606.

https: //api. parliament. uk/historic – hansard/lords/1873/jul/04/alkali – act – 1863 – petition – for – amendment#S3V0216P0_ 18730704_ HOL_ 22.

https：//api. parliament. uk/historic － hansard/commons/1881/apr/25/com-mittee#S3V0260P0_ 18810425_ HOC_ 103.

https：//api. parliament. uk/historic － hansard/commons/1882/mar/06/al-kali － act － 1881.

https：//api. parliament. uk/historic － hansard/commons/1882/aug/03/al-kali － c － works － regulation － act － 1881.

https：//api. parliament. uk/historic － hansard/commons/1884/nov/04/al-kali － works － regulation － act － 1881 － alleged.

https：//api. parliament. uk/historic － hansard/commons/1884/nov/06/al-kali － works － regulation － act － 1881 － deaths.

http：//www. legislation. gov. uk/ukpga/Edw7/6/14/enacted.

http：//www. legislation. gov. uk/ukpga/Eliz2/4 － 5/52/enacted.

"The Sootfall of London：its amount, quality and effects," *The Lancet*, 1912, 6 Jan. , No. 1, https：//documents. pub/document/the － sootfall － of － london － its － amount － quality － and － effects. html.

（五）著作

A. Aspinall, E. Anthony Smith ed. , *English Historical Documents 1783 － 1832*, New York：Oxford University Press, 1969.

Anderew Kippis, Joseph Towers etc. , *Biographia Britannica：Lives Most Eminent Persons － Who Have Flourished in Great － Britain and Ireland, From the Earliest Ages, to the Present Times：Collectd from the Best Authorities, Printed and Manuscript, and Digested in the Manner of Mr. Bayle's Historical and Critical Dictionary. These Condedition with Corrections, Enlargements, and the Addition of New Lives*, Vol. V. , London：Printed by John Nichols, For T. Longman, B. Law, H. Baldwin, C. Dilly, G. G. and J. Robinson, J. Nichols, H. Gardner, W. Ottridge, F. and C. Rivington, A. Strahan, J. Murray, T, Evans, S. Hayes, J. D. E. B. Rett, T. Payne, W. Lowndes, J. Scatcherd, Darton and Harvey, and J. Taylor, 1793.

Antonio Clericuzio, *Elements*, *Principles and Corpuscles*: *A Study of Atomism and Chemistry in the Seventeenth Century*, Dordrecht, Boston, London: Kluwer Academic Publisher, 2000.

Arthur Christopher Benson, *William Laud*, *Sometime Archbishop of Canterbury*: *A Study*, London: Kegan Paul, Trench, Truben & Co. , 1897.

A. W. Beeby, R. S. Narayanan, *Introdution to Design for Civil Engineers*, London and New York: Spon Press, 2017.

Barry Coward, *Social Change and Continiuty in Early Modern England 1550 – 1750*, London and New York: Longman, 1988.

Benita Cullingford, *British Chimney Sweeps*: *Five Centuries of Chimney Sweeping*, Chicago: New Amsterdam Books, 2000.

Benj. Bannan, *The Miners' Journal Coal Statistical Register*, *1875*, *Statistics of the Coal Trade for the Year 1874*, Pottsville, P A. : Miners' Journal Office, 1875.

Basil Williams, *The Whig Supremacy 1714 – 1760*, Oxford: Clarendon Press, 1960.

B. R. Mitchell, *British Historical Statistics*, Cambridge: Cambridge University Press, 1988.

B. W. Clapp, *An Environmental History of Britain*: *since the Industrial Revolution*, London: Longman, 1994.

Charles Dellheim, *The Face of the Past*: *The Preservation of the Medieval Inheritance in Victorian England*, Cambridge, London, New York, New Rochelle, Melbourne, Sydney: Cambridge University Press, 2004.

Chris Williams ed. , *A Companion to Nineteenth – century Britain*, Oxford: Blackwell Publishing, 2006.

Cort MacLean Johns, *The Industrial Revolution – Lost in Antiquity – Found in the Renaissance*, Raleigh: Lulu Publishing, 2019.

C. W. Williams, *The Combustion of Coal and The Prevention of Smoke Chemically and Practically Considered*, London: John Weale, 1854.

David Gibbons, *The Metropolitan Buildings Act*, *7th and 8th Vict. with Notes and an Index*, London: John Weale, 1844.

D. Franklin, N Hawke, M Lowe, et al. , *Pollution in the U. K.* , London: Sweet and Maxwell, 1995.

Dionysius Lardner, *The Steam Engine Explained and Illustrated*; *With An Account of Its Invention and Progressive Improvement*, London: Printed for Taylor and Walton, 1840.

Edmund Knowles Muspratt, *My Life and Work*, London: John Lane the Bodley Head W. ; New York: John Lane Company; Toronto: S. R. Gundy, 1891.

Edward Raymond Turner, *The Privy Council of England in the Seventeenth and Eighteenth Centuries*, *1603 – 1784*, *Vol. 2*, Baltimore: The Johns Hopkins Press, 1927 – 28.

Eric Ashby, Mary Anderson, *The Politics of Clean Air*, Oxford: Clarendon Press, 1981.

Francis campin, Robert Armstrong, J. La Nicca, George Ede, *A Practical Treatise on Mechanical Engineering with An Appendix on the Analysis of Iron and Iron Ores by Francis Campin*, Philadelphia: Henry Carey Baird, 1864.

Frank Trentmann ed. , *The Oxford Handbook of the History of Consumption*, Oxford: Oxford University Press, 2012.

George Kettilby Richards, *The Statutes of the United Kingdom of Great Britain and Ireland*, *26 and 27 Victorian*, *1863*, *with Tables Showing the Effect of the Year's Legislation*, *and A copious Index*, London: Printed by George E. Eyre and William Spottiswoode, 1863.

George Nicholls, *A History of English Poor Law*, *In Connexion with the Legislation and Other Circumstances Affecting the Condition of the People*, Vol. I , London: John Murray, Knight & Co. , 1854.

George Nixon, *An Enquiry into the Reasons of the Advance of the Price of Coals*, *within Seven Years past*, London: Printed for E. Comyns, 1739.

Gerald Manners, *Coal in Britain*, London, Boston and Sydney: George Allen and Unwin, 1981.

G. G. Perry, *A History of the English Church: From the Accession of Henry Viii. To the Silencing of Convocation in the Eighteenth Century*, London: John Murray, Albemarle Street, 1878.

Godfrey Davies, *The Early Stuarts 1603 – 1660*, Oxford: Clarendon Press, 1959.

G. Orr, *A Treatise on A Aitical and Mechanical Invention for Chimney Sweeping*, *with A Disquisition on the Different Forms of Chimnies*, *and Shewing How to Cure Smoky Ones*, London: Printed by D. N. Shury, 1803.

Henry Luttrell, *Advice to Julia: A Letter in Rhyme*, London: John Murray, 1820.

Jack Rostron ed. , *Environmental Law for the Built Environment*, London and Sydney: Cavendish Publishing Limited, 2001.

J. A. Chartres, *Pre – industrial Britain*, Oxford UK&Cambridge USA: Basil Blackwell, 1994.

James Lincoln Collier, *The Steam Engines*, New York: Marshall Caverndish, 2006.

James Montgomery, *The Chimney – Sweeper's Friend*, *and Climbing – Boy's Album*, *Edicated*, *By the Most Gracious Permission*, *to His Majesty*, *The child of misery baptized with tears*, London: Printed for Longman, Hurst, Rees, Orme, Brown, and Green, Paternoster – Row, 1824.

Jan Oosthoek, 'Dealing with Climate Change: the National and International Arena', in: Mark Levene (ed.), *Past Actions, Present Woes, Future Potential: Rethinking History in the Light of Anthropogenic Climate Change*, Warwick: Higher Education Academy, 2010.

Jay M. Whitham, *Steam – Engine Desighn, for the use of Mechanical Engineers, Students, and Draughtsmen*, New York: John Wiley and Sons, 1889.

J. C. Loudon, *The Architectural Magazine, and Journal of Improvement in Architecture, Building, and Furnishing*, Vol. IV, London: Longman, Orme, Brown, Green, and Longmans, 1837.

J. C. Robertson ed. , *The Mechanics Magazine, Museum, Register. Journal and Gazette, January 1st – June 25th, 1842, Vol. 36*, London: Edited, Printed, and Puberlished by J. C. Robertson, 1842.

J. H. Brazell, *London Weather*, London: Her Majesty's Stationery Office, 1968.

Joe Moshenska, *A Stain in the Blood: The Remarkable Voyage of Sir Kenelm Digby: Pirate and Poet, Courtier and Cook, King's Servant and Traitor's Son*, London: William Heinemann, 2016.

John Frost, *Cheap Coals: or, A Countermine to the Minister and His Three City Members*, London: Printed for T. Parsons, 1792.

John Graunt, *Natural and Political Observations Mentioned in a following index, and made upon the Bills of Mortality*, London: Printed by Tho. Roycroft for John Martin, James Allestry, and Tho. Dicas, 1662. http: //www. neonatology. org/pdf/graunt. pdf.

John Hatcher, *The History of the British Coal Industry, Volume 1: Before 1700: Towards the Age of Coal*, Oxford: Clarendon Press, 1993.

John Holland, *The History and Description of Fossil Fuel, the Collieries, and Coal Trade of Great Britain*, London: Whittaker and Co. , Sheffield:

G. Ridge, 1835.

John Mounteney Lely, *The Statures of Practical Utility: Arranged in Alpha-betical and Chronological Order. With Notes and Indeses*, Vol. 8, the Fifth Edition of Chitty's Statutes, Lodnon: Sweet and Maxwell, 1895.

Josiah Parkes, *Observations on the Economical Production of Engine*, *and Consumption of Smoke*, London: Printed for the Author; 1822.

J. Steven Watson, *The Reign of George Ⅲ 1760 – 1815*, Oxford: Clarendon Press, 1960.

J. U. Nef, *The Rise of the British Coal Industry*, Vol. I, London, George Routledge & Sons, LED., 1932.

J. U. NEF, *The Rise of British Coal Industry*, Vol. Ⅱ, London, George Routledge & Sons, LED., 1932.

Kathleen H. Strange, *Climbing Boys: A Study of Sweeps' Apprentices*, *1773 – 1875*, London: Allison & Busby, 1982.

Ken. Powell, Chris. Cook, *English Historical Facts 1485 – 1603*, London: Palgrave Macmillan, 1977.

Kenneth E. Carpenter, *British Labour Struggles: Contemporary Pamphlets 1727 – 1850; Improving the lot of The Chimney Sweeps One Book and Nine Pamphlets 1785 – 1840*, New York: Arno Press, 1972.

Kenneth E. Carpenter, ed., *British Labour Struggles: Contemporary Pamphlets 1727 – 1850; The Reply of Dr. Lushington, in Support of the Bill for the Better Regulation of Chimney Sweepers and their Apprentices, and for Preventing the Employment of Boys in Climbing Chimnies, Before the Committee of the House of Lords, On Monday, the 20th April, 1818*. London: Printed by Bensley and sons, 1818.

Lawrence M. Principe, *Sir Kenelm Digby and His Alchemical Circle in 1650s Paris: Newly Discovered Manuscript*, London: Society for the history of alchemy and chemistry, 2013.

Leslie Tomory, *The History of the London Water Industry, 1580 – 1820*, Baltimore: Johns Hopkins University Press, 2017.

Llewellyn Woodward, *The Age of Reform 1815 – 1870*, Oxford: The Clarendon Press, 1962.

Margaret Cavendish, *Poems and Fancies*, London: Printed by T. R. for J. Martin, and J. Allestrye, 1653.

Michael W. Flinn, David Stoker, *The History of British Coal Industry, Vol. 2: 1700 – 1830: The Industrial Revolution*, Oxford: Clarendon Press, 1984.

Mr. Gay, *Trivia: or, the Art of Walking the Streets of London*, The Third edition, London: Printed for Bernard Lintot, 1730.

M. Grosley, *A Tour to London; or, New Observations on England, and its Inhabitants*, Translated by Thomas Nugent, London: printed for Lockyer Davis, in Holborn, printer to the Royal Society, 1772.

Michael Allaby, *Fog, Smog, and Poisoned Rain*, New York: Facts on File, Inc. , 2003.

Napier Shaw, John Switzer Owens, *The Smoke Problem of Great Cities*, London: Constable & Company Ltd, 1925.

Nathaniel Hodges, *Loimologia, or, An historical account of the plague in London in 1665: with precautionary directions against the like contagion*, London: E. Bell, and J. Osborn, 1720.

N. Simons, *The Statutes of The United Kingdom of Great Britain and Ireland: With Notes and References, Vol. xvii*, London: George E. Eyre and Andrew Spottiswoode Printed, 1845.

Park Benjamin, ed. , *Appletons' Cyclopaedia of Applied Mechanics: A Dictionary of Mechanical Engineering and Mechanical Arts, Illustrated with Nearly*

Five Thousand Engravings, Vol. I , New York: D. Appleton and Company, 1880.

Pehr Kalm, *Kalm's Account of his Visit to England: on his Way to American in 1748*, London, New York: Macmillan and Co. , 1892.

Penny Gilbert ed. , *NSCA Reference Book*, Brighton: National Society for Clean Air, 1988.

Peter Brimblecombe, *The Big Smoke: A History of air pollution in London since Medieval Times*, London and New York: Routledge, 1987.

Peter Heylyn, *Cypria nus anglicus*, *or*, *The History of the Life and Death of the Most Reverend and Renowned Prelate William*, *by Divine Providence Lord Archbishop of Canterbury*, London: A Seile, 1668.

Peter Reed, *Acid Rain and the Rise of the Environmental Chemist in Nineteenth – Century Britain: The Life and Work of Robert Angus Smith*, Farnham: Ashgate Publishing, 2014.

Peter Thorsheim, *Inventing Pollution: Coal, Smoke, and Culture in Britain since 1800*, Athens: Ohio University Press, 2006.

Richard L. Hills, *Power From Steam A History of the Stationary Steam Engine*, Cambridge, New York, Melbourne: Cambridge University Press, 1989.

Robert Angus Smith, *Air and Rain: The Beginnings of A Chemical Climatology*, London: Longmans, Green and Co. , 1872.

Robert Angus Smith, *Disinfectants and Disinfection*, Edinburgh: Edmonston and Douglas, 1869.

Robert Armstrong, *An Essay on the Boilers of Steam Engine: Their Calculation Construction and Management*, *with A View to the Saving of Fuel*, London: John Weale, 1839.

Robert Edington, *A Treatise on the Coal Trade*, (Second Edition), London: Printed for J. Souter, 1814.

Robert Kemp Philp, *The History of Progress in Great Britain*, London: Houlston and Wright, 1862.

Robert Lemon, ed. , *Calendar of State Papers*, *Domestic Series*, *of the Reigns of Edward VI. , Mary, Elizabeth, 1547 – 1580*, London: Longman, Brown, Green, Longmans, & Roberts, 1856.

Roy Church, Alan Hall and John Kanefsky, *The History of the British Coal Industry, Vol. 3: 1830 – 1913: Victorian Pre – eminence*, Oxford: Clarendon Press, 1986.

Royal College of Physicians of London, *Certain Necessary Directions as Well for the Cure of the Plague, as for Preventing the Infection: With Many Easie Medicines of Small Charge, Very Profitable to His Majesties Subjects*, London: John Bill and Christopher Barker, 1665.

Samuel Rawson Gardiner, *A History of England Under the Duke of Buckingham and Charles I. 1624 – 1628*, Vol. ii, London: Longmans, Green, and Co. , 1875.

Samuel Rawson Gardiner, *The First Two Stuarts and The Puritan Revolution*, New York: Charles Scribner's Sons, 1890.

Samuel Rawson Gardiner, *The First Two Stuarts and the Puritan Revolution, 1603 – 1660*, New York: Charles Schribner's Sons, 1911.

Seth Lobis, *The Virtue of Sympathy: Magic, Philosophy, and Literature in Seventeenth – Century England*, New Haven, CT and London: Yale University-Press, 2015.

S. Hague, *The Gentleman's House in the British Atlantic World 1680 – 1780*, Baltimore: Johns Hopkins University Press, 2015.

Stephen Mosley, *The Chimney of the World: A History of Smoke Pollution in Victorian and Edwardian Manchester*, London and New York: Routledge Taylor & Francis Group, 2001.

Theodore Cardwell Barker, John Raymond Harris, *A Merseyside Town in the Industrial Revolution: St. Helens, 1750 – 1900*, London: Frank Cass, 1993.

Thomas Graham, *Chemical and Physical Researches*, Edinburgh: Edinburgh University Press, 1876.

Thomas Longueville, *The Life of Sir Kenelm Digby*, London, New York, Bombay: Longmans, Green, and Co. , 1896.

Thomas Spencer Baynes, *The Encyclopaedia Britannica Or Dictionary of Arts, Sciences, and General Literature, Seventh Edition, With Preliminary Dissertations on the History of the Sciences, and Other Extensive Improvements and Additions: Including the late Supplement, A General Index, and Numerous Engravings*, Vol. 20, Edinburgh: Adam And Charles Black, 1862.

Walter Bernan, *On the History and Art of Warming and Ventilating Rooms and Buildings by Openfires, Hypocausts, German, Dutch, Russian, and Swedish Stoves, Steam, Hot Water, Heated Air, Heat of Animals, and Other Methods; With Notices of the Progress of Personal and Fireside Comfort, and Of the Management of Fuel. Illustrated by Two Hundred and Forty Figures of Apparatus. Vol.* I , London: George Bell, 1845.

W. A. L. Marshall, *A Century of London Weather*, London: Her Majesty's Stationary Office, 1952.

W. Fordyce, *A History of Coal, Coke, Coal Fields, Progress of Coal Mining, the Winning and Working of Collieries, Household, Steam, Gas, Coking, And Other Coals, Duration of the Great Northern Coal Field, Mine Surveying and Government Inspection: Iron, Its Ores, and Processes of Manufacture*, London: Sampson Low, Son, and Co. , 1860.

William A. Bone, *Coal and Its Scientific Uses*, London: Longmans, Green and Co. , 1918.

William Ashworth, Mark Pegg, *The History of the British Coal Industry*, *Vol. 5, 1946 - 1982: The Nationalized Industry*, Oxford: Clarendon Press, 1986.

William Crookes ed. , *The Chemical News And Journal of Physical Science*, *with Which Is Incorporated the " Chemical Gazette" A Journal of Practical Chemistry in All Its applications to Pharmacy, Arts, And Manufactures, Vol. 38, 1878*, London: Published at Office, Boy Court, 1878.

William Cunningham Glen, Alexander Glen, *The Public Health Act, 1875, and the Law Relating to Public Health, Local Government, and Urban and Rural Sanitary Authorities; with Introduction, Table of Statutes, Table of Reference to the Repealed Statutes, Table of Cases, Appendices of Statues, and Index*, London: Butterworths, Knight and Co. , 1876.

William Dugdale, *The History of Saint Paul's Cathedral in London, From its Foundation: Extracted out of Original Charters, Records, Leiger - Books, and Other Manuscripts*, London: Printed for Lackington, Hughes, Harding, Mavor, And Jones, Finsbury Square, and Longman, Hurst, Rees, Orme, And Brown, 1818.

W. Fordyce, *A History of Coal, Coke, Coal Fields, Progress of Coal Mining, the Winning and Working of Collieries, Household, Steam, Gas, Coking, And Other Coals, Duration of the Great Northern Coal Field, Mine Surveying and Government Inspection: Iron, Its Ores, and Processes of Manufacture*, London: Sampson Low, Son, and Co. , 1860.

William M Cavert, *The Smoke of London: Energy and Environmentin the Early Modern City*, Cambridge: Cambridge University Press, 2016.

William Wise, *Killer Smog: The World's Worst Air Pollution Disaster*, Chicago: Rand McNally, 1968.

William Wood, *Chimney Sweepers and their Friends*, London: S. W. Partridge & Co. , 1869.

（六）论文

A. E. Dingle, "The Monster Nuisance of All: Landowners, Alkali Manufacturers, and Air Pollution, 1828 – 64", *The Economic History Review New Series*, Vol. 35, No. 4, 1982.

Alessandro Nuvolari et al. , "The early Diffusion of the Steam Engine in Britain, *1700 – 1800*: A Reappraisal", *Cliometrica: Journal of historical economics and econometric history*, Vol. 5, May 2011.

Carlos Flick, "The Movement for Smoke Abatement in 19th – Century Britain", *Technology and Culture*, Vol. 21, No. 1, Jan. 1980, pp. 29 – 50.

Catherine Bowler and Peter Brimblecombe, "Control of Air Pollution in Manchester Prior to the Public Health Act, 1875", *Environment and History*, Vol. 6, No. 1, February 2000, pp. 71 – 98.

David Stradling and Peter Thorsheim, "The Smoke of Great Cities: British and American Efforts to Control Air Pollution, 1860 – 1914", *Environmental History*, Vol. 4, No. 1, 1999.

E. R. Adair, "Laud and the Church of England", *Church History*, Vol. 5, No. 2, Jun. 1936, pp. 121 – 140.

George L. Philips, "Quakers and Chimney Sweeps", *Bulletin of Friends Historical Association*, Vol. 36, No. 1, Spring 1947, pp. 12 – 18.

George L. Phillips, "Sweep for the Soot O! 1750 – 1850", *The Economic History Review New Series*, Vol. 1, No. 2, Mar. 1949, pp. 151 – 154.

George L. Phillips, "The Abolition of Climbing Boys", *The American Journal of Economics and Sociology*, Vol. 9, No. 4, Jul. 1950, pp. 445 – 462.

George L. Phillips, "Toss a Kiss to the Sweep for Luck", *The Journal of American Folklore*, Vol. 64, No. 252, Apr. – Jun. 1951, pp. 191 – 196.

G. Kearns, "This Common Inheritance: Green Idealism Versus Tory Pragmatism", *Journal of Biogeography*, Vol. 18, No. 4, 1991.

Great Britain,"Patents Which Have Become Void", *The London Gazette for the Year 1876*, Vol. 1, London: Printed by Harrison and Sons, 1876.

Great Britain, Office of the Commissioners of Patents for Inventions, "Patent Law Amendment Act, *1852,*" *The London Gazette for the Year 1876*, Vol. 1, London: Printed by Harrison and Sons, 1876.

Han Thomas Adriaenssen, Sander de Boer, "Between Atoms and Forms Natural Philosophy and Metaphysics in Kenelm Digby", *Journal of the History of Philosophy*, Vol. 57, No. 1, 2019, pp. 57 – 80.

H. Leahy, "Letters to the Editor", *The Engineer*, *From July to December, 1897, Vol. lxxxiv*, London: Office for Publication and Advertisements, 1897.

James G. Wakley ed., "The Fog in London", *The Lancet*, Vol. 1, Jan., 3, 1874, London: published by John James Croft, at the office of "The Lancet", 1874.

Joe Moshenska, "Sir Kenelm Digby's Interruptions: Piracy and Lived Romance in the 1620s", *Studies in Philology*, Vol. 113, No. 2, Spring 2016, pp. 424 – 483.

Joseph Glass, "The Contrast—Mechanical and Children Chimney – sweeping", *The Mechanics Magazine, Museum, Register Journal, and Gazette, Oct. 4, 1834 – March 28, 1835, Vol. 22*, London: J. Cunningham, Mechanics' Magazine Office, 1835. http://www. ph. ucla. edu/epi/snow/1859map/west-middlesex_ waterworks_ a2. html, 2019 – 10 – 18.

John B. C. Kershaw, "Smoke Abatement: Notes on the Progress of the Movement to Secure A Cleaner and Purer Atmosphere", *Science Progress in the Twentieth Century (1906 – 1916)*, Vol. 9, No. 34, 1914.

20. Judith Bailey Slagle, "Literary Activism: James Montgomery, Joanna

Baillie, and the Plight of Britain's Chimney Sweeps", *Studies in Romanticism*, Vol. 51, No. 1, Spring 2012, pp. 59 – 76.

J. W. Batey, "The Heating of Dwellings in Relation to Smoke Control Areas", *The Journal of the Royal Society for the Promotion of Health*, 1964.

Keith L. Sprunger, "Archbishop Laud's Campaign against Puritanism at the Hague", *Church History*, Vol. 44, No. 3, Sep. 1975, pp. 308 – 320.

Mark Jenner, "The politics of London air: John Evelyn's Fumifugium' and the Restoration", *The Historical Journal.* Vol. 38, No. 3, 1995, pp. 535 – 551.

Peter Brimblecombe, "Millennium – long damage to building materials in London", *Science of the Total Environment*, Vol. 407, issue 4, 2009, pp. 1354 – 1361.

Peter Brimblecombe, "London Air Pollution, 1500 – 1900", *Atmospheric Environment*, Vol. 11, issue 12, 1977, pp. 1157 – 1162.

Peter Brimblecombe, "The Clean Air Act after 50 years", *Weather*, Vol. 61, No. 1, 2006.

Peter Kirby, "A Short Statistical Sketch of the Child Labour Market in Mid – Nineteenth Century London", *Revue Française de Civilisation Britannique*, Vol. 12, No. 3, September 2003, http: //journals. openedition. org/rfcb/1606, 2019 – 04 – 20.

Peter Reed, "Acid Towers and the Control of Chemical Pollution 1823 – 1876", *Transactions of the Newcomen Society*, Vol. 78, 2008.

Peter Reed, "The Alkali Inspectorate 1874 – 1906: Pressure for Wider and Tighter Pollution Regulation", *Ambix*, Vol. 59, 2012.

Roy M. Macleod, "The Alkali Acts Administration, 1863 – 84: the Emergrnce of the Civil Scientist", *Victorian Studies*, Vol. 9, No. 2 (Dec. , 1965) .

Seth Lobis, "Sir Kenelm Digby and the Power of Sympathy", *Huntington Library Quarterly*, Vol. 74, No. 2, June 2011, pp. 243 – 260.

Stephen Mosley, "'A Network of Trust: Measuring and Monitoring Air Pollution in British Cities, 1912 – 1960", *Environment and History*, Vol. 15, No. 3, 2009.

U. Knecht, U. Bolm – Audorff, H – J. Woitowitz, "Atmospheric Concentrations of Polycyclic Aromatic Hydrocarbons during Chimney Sweeping", *British Journal of Industrial Medicine*, Vol. 46, No. 7, Jul. 1989, pp. 479 – 482.

William G. Palmer, "Invitation to a Beheading: Factions in Parliament, the Scots, and the Execution of Archbishop William Laud in 1645", *Historical Magazine of the Protestant Episcopal Church* Vol. 52, No. 1, March 1983, pp. 17 – 27.

W. J. Tighe, "William Laud and the Reunion of the Churches: Some Evidence from 1637 and 1638", *The Historical Journal* Vol. 30, No. 3, Sep. 1987, pp. 717 – 727.

W. P. D. Logan, "Mortality in the London Fog incident, 1952", *The Lancet*, Feb. 14, 1953.

Wyndham Miles, "Sir Kenelm Digby, Alchemist, Scholar, Coutier, and Man of Adventure", *Chymia*, Vol. 2, Mar. 1949, pp. 119 – 128.